农业部公益性行业（农业）科研专项经费项目“水生蔬菜产业技术体系研究与示范子项目（200903017-04）”资助

建设社会主义新农村图示书系

图说水生蔬菜病虫害防治关键技术

夏声广　主编

中国农业出版社

主　　编　夏声广

编著人员　夏声广　郑寨生　徐苏君
张尚法　陈远利

前言

水生蔬菜包括莲藕、茭白、菱角、荸荠、慈姑、芡实、莼菜、水芹、蒲菜、水蕹菜、水芋和豆瓣菜等。 除豆瓣菜原产于欧洲地中海东部地区外，其余种类均原产或共同原产于中国。水生蔬菜是我国蔬菜生产中的一大特色，其品种之多、分布之广、生产面积之大，在当今世界各国中均居首位。我国长江流域及其以南地区河流纵横、湖泊众多，在各大湖泊周围都有大片沼泽滩地，在大、小河流的两旁也有不少积水洼地和池塘，其水位不深，常在1～2米，其水下土壤含有机质1.5%以上，这些都为水生蔬菜的生长和繁殖提供了良好的自然条件。我国水生蔬菜品种的驯化和栽培较早，一般都有2 000年以上的生产历史，水生蔬菜已成为我国蔬菜生产中不可缺少的一部分。然而，病虫害直接影响水生蔬菜的生产和质量，而有部分水生蔬菜一直生长于池塘及水洼地，与鱼共生，因此农药选用非常重要，菊酯类等对鱼毒性高的农药不能使用；茭白孕茭后一般不能使用杀菌剂，以免影响茭白孕茭；莲藕、荸荠、菱角叶面光滑，表面不易着药，因此应选择好农药剂型，并添加适当的助剂，以提高农药防治效果。《图说水生蔬菜病虫害防治关键技术》是一本普及病虫识别、提高农民对病虫害诊断与防治能力的实用科普工具书，力求科学性、先进性、实用性和技术集成化，突出防治关键性技术及无害化技术，有助于菜农科学开展水生蔬菜病虫害防治，减少农药的使用量和使用次数，降低农药残留，提高蔬菜的品质和产量。全书共提供我国栽培面积较大的5种水生蔬菜上的35种主要病虫害的诊断与防治技术，近240幅高质量原色生态图片（除署名外，均由夏声广拍摄），真实地再现了水生蔬菜常见病虫的不同形态和为害症状，生动直观。这本书图文并茂、文字简洁、通俗易懂、新颖实用，易学、易记。

适合菜农、基层农技推广人员、农药厂商、农资供销商和庄稼医院工作人员使用，也可供农业高等院校学生作为病虫识别与防治的参考书，或作为基层无公害蔬菜生产的培训教材。

本书在编写过程中，承蒙浙江省永康市市委组织部人才项目、金华市农业科学院及农业部公益性行业（农业）科研专项200903017–04支持与帮助，在此致以衷心的感谢！受实践经验及专业技术水平所限，书中遗漏之处在所难免，恳请有关专家、同行、读者不吝指正。

夏声广
2010年11月
E–mail：ykxsg@163.com
QQ：354594430
http://www.sgzb.net

目　录

一、水生蔬菜病害

茭白胡麻斑病

[学名] *Helminthosporium zizaniae* Nishik.

茭白胡麻斑病又称茭白叶枯病，是茭白常见的病害。在茭白整个生长发育时期都能发生。主要为害叶片，也可侵染叶鞘。

[病害症状] 开始在叶片上散生许多芝麻粒大小的褐色病斑，后扩展为褐色椭圆形或纺锤形，病斑边缘明显，深褐色，中央黄褐色或灰白色，周围常有黄色晕圈，严重时病斑密布叶片，相互连接成不规则形的大病斑。发病叶片由叶尖向下干枯，后期常引起全叶半枯死至枯死状。发病多从下部叶片开始，逐渐向上部叶片发展。叶鞘病斑与叶片上的相似，但病斑较大，数量较少。湿度大时病斑表面产生黑褐色霉层，即分生孢子梗和分生孢子。

茭白胡麻斑病前期病斑

茭白胡麻斑病前期嫩叶上病斑

茭白胡麻斑病后期病斑相互连接状

茭白胡麻斑病后期叶片干枯

茭白胡麻斑病严重为害状

［发病规律］病菌以菌丝体和分生孢子在老病株和病残体上越冬。翌年气温回暖时病菌产生分生孢子，随气流和雨水传播到叶片上，然后穿透表皮细胞或从气孔直接侵入。发病后病斑上产生的分生孢子又进行再侵染，导致病害蔓延。病菌喜高温潮湿的环境，适宜发病温度为15 ~ 37℃，最适温度为25 ~ 30℃，相对湿度85%左右。高温多雨、连作、土壤缺氧和缺钾、肥力不足以及种植过密、植株生长衰弱的田块发病重。浙江一般在5月上旬开始发病，主要发病期为6 ~ 9月。最适感病生育期为成株期至采收期。

［防治方法］①避免连作，实行轮作。②梅雨季节或高温多雨天气，抓住晴天，放水搁田，1 ~ 2天还水，以增加土壤含氧量，提高根系活力，促进植株生长，增强植株抗病能力。盛夏季节适当灌深水降温，并定期换水，以控制后期无效分蘖。③增施草木灰、硫酸钾、氯化钾等钾肥。④茭白生长期间应经常剥除植株基部的黄叶、病叶和无效分蘖，以减少菌源并改善株间通风透光条件。⑤收获后及时清除病残体，集中烧毁。⑥药剂防治。在苗高10 ~ 20厘米时，用80%代森锰锌可湿性粉剂600倍液预防，5 ~ 7天1次，连续2 ~ 3次。发病初期用50%异菌脲（扑海因）或20%三环唑可湿性粉剂600倍液，或12.5%烯唑醇乳油500 ~ 2 000倍液，或25%丙环唑（敌力脱）乳油2 000 ~ 3 000倍液，或25%咪鲜胺乳油1 500倍液喷雾。叶面、叶背都要喷到，间隔10天左右再喷1次，视病情连续喷3 ~ 5次。孕茭前停止用药。

茭白黑粉病

［学名］*Ustilago esculenta* P. Henn.

茭白黑粉病又称灰茭病、灰心茭，是茭白常见的病害之一。茭笋受害后无食用价值和商品价值，对产量影响很大。

［病害症状］叶片受害，生长势明显减弱，叶肉内充满黑粉菌厚垣孢子，挤压叶片变宽，叶色偏深，逐渐发展成黄绿色泡状突起。叶鞘染病，初期叶鞘上病斑为深绿色小圆点，发展成椭圆形

瘤状突起，后期叶鞘充满黑粉菌孢子团，使得叶鞘发黑。茭肉受害，黑粉菌厚垣孢子充斥茭白组织，使得中间鼓胀突起，茭肉变短，体表多有纵沟，较粗糙，长到老也不开裂，严重的茭肉全被厚垣孢子充满，不堪食用。

茭白黑粉病病丛

茭白黑粉病病茭

茭白黑粉病病茭中间肿胀突起，茭肉变短

茭白黑粉病病茭与健茭对比（右两只为病茭）

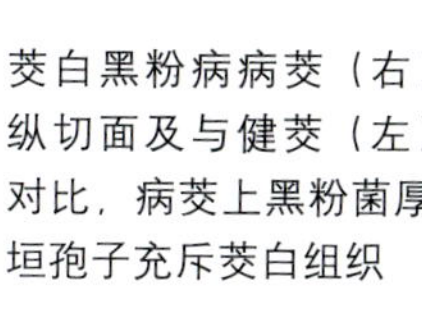

茭白黑粉病病茭（右）纵切面及与健茭（左）对比，病茭上黑粉菌厚垣孢子充斥茭白组织

茭白黑粉病病茭（右）横切面及与健茭（左）对比

［发病规律］ 病菌以厚垣孢子团随种茭墩，或以菌丝体和厚垣孢子团随病株残体在土壤中越冬。在翌年茭白生长期适宜的条件下，冬孢子萌发产生厚垣孢子，再由厚垣孢子产生小孢子侵入茭

白嫩茎，随着茭白的生长扩展到生长点。主要通过雨水或田水传播，气流或株间接触也可传播。病菌首先从嫩茎、叶鞘及叶片的伤口、气孔或表皮进行初侵染，几天后出现症状，产生厚垣孢子团，不断向健康叶片、叶鞘及邻近植株蔓延，进行再侵染。气温在25～32℃，相对湿度在80%以上的条件下，有利于病害的发生与蔓延。一般在高温、多雨季节发病重；连作田块、分蘖过多。过密的郁闷高湿环境下发病重；肥力不足、植株生长弱、灌水不当等均会加重病害的发生。

［防治方法］①选留健壮无菌优良茭种。②结合冬前割茬，清除病残老叶，减少菌源；春季结合割老墩、压茭墩等农事操作，挖除灰茭病墩和雄茭墩(连地下根状茎彻底挖除)，并适当降低分蘖节位。老墩萌芽初期(即茭白发苗时)，疏除过密分蘖(弱苗)，使养分集中，出苗整齐。③加强肥水管理，分蘖前期灌浅水，增肥促分蘖，中期适当露晒田。夏季高温时控制追肥防徒长，灌深水调节水温，抑制后期分蘖；秋初摘除黄叶，改善田间通透性。④发病初期用25%三唑酮可湿性粉剂1 000倍液，或40%氟硅唑（福星）乳油6 000倍液，或20%腈菌唑可湿性粉剂1 000倍液喷雾防治，7～10天喷1次，连喷3～4次，避免孕茭期用药。若在多雨季节喷药，注意雨后及时补喷。

茭　白　锈　病

［学名］*Uromyces coronatus* Miyabe et Nishda

茭白锈病是茭白常见病害之一。主要为害叶片，严重时也可为害叶鞘、茎秆。

［病害症状］叶片、叶鞘受害，初生针头大小的小点，后变为黄褐色隆起的小疱斑，疱斑长条形，表皮不易破裂。表皮破裂后散发出锈色粉状物，严重时叶面布满锈粉，终致叶片、叶鞘干枯，影响茭白的生长而导致减产。

［发病规律］病菌以菌丝体和孢子堆在病残体上越冬，并成为翌年病害的初侵染源。3～4月气温回升后开始发病，5月中旬至

茭白锈病为害形成黄褐色隆起的小疱斑

茭白锈病病斑表皮破裂后散发出锈色粉状物

茭白锈病为害形成黑褐色隆起的小疱斑

茭白锈病为害严重时病斑密布

9月病部产生夏孢子进行重复侵染，致使病害蔓延。病菌喜高温潮湿的环境，最适发病温度为25 ～ 30℃，相对湿度80%～ 85%。通常天气高温多湿、连作田块的茭白锈病发生重。植株下部的茎、叶发病早且重。偏施氮肥、生长茂密、通透性差的茭田发病重。浙江一般在5月上旬开始发病，春雨多的年份病害易流行。主要发病期为6 ～ 9月，多发生在分蘖期至孕茭期。

茭白锈病为害严重时造成叶片干枯

［防治方法］①清洁田园，减少越冬菌源。生长季节结束后，铲除田边杂草，当茎、叶变黄枯死(常年12月至翌年2月)时，在茭白田再覆些草点火引燃，减少病菌初次侵染来源。②适时翻耕，减少连作。一般免耕连续种植2～3年后，应耕种1次，最好是每年翻耕种植，能有效减轻发病。③合理密植，科学施肥。适当增施磷、钾肥，注意避免偏施或过施氮肥，施硫酸锌15千克/公顷作基肥，或用0.1%～ 0.2%硫酸锌进行叶面喷施，苗期、分蘖期、孕茭期各喷1次。茭白施锌肥可提高对锈病的抵抗力。④合理用水。灌水宜掌握“薄水栽植、浅水分蘖，中后期加深水层，湿润越冬”的原则。茭白移栽成活后灌3.5厘米水层，从萌芽到分蘖保持3～5厘米水层，分蘖后期到孕茭前采取干湿管理，孕茭期灌深水12～15厘米，但不能高过叶枕。当盛夏30℃以上时，应日灌夜排，降温防病，促进茭笋生长。⑤结合除草等农事操作，及时摘除基部病、老叶，并深埋或焚毁，增加田间通风透光。⑥药剂防治。在苗高10 ～ 20厘米时，用80%代森锰锌可湿性粉剂600倍液预防，5 ～ 7天1次，连续2～3次。发病初期用40%氟硅唑（福星）乳油8 000倍液、25%三唑酮(粉锈宁)可湿性粉剂1 500～2 500倍液、43%戊唑醇（好力克）悬浮剂5 000

倍液或10%苯醚·甲环唑（世高）1 500倍液，或12.5%烯唑醇可湿性粉剂2 000倍液，10 ～ 15天1次，连续2～3次或更多，交替喷施，前密后疏，喷匀喷足。孕茭前停止用药。连续阴雨天要抓晴天防治。

茭白纹枯病

［学名］*Rhizoctonia solani* Kühn.

［病害症状］发病初期先在近水面的叶鞘上出现水渍状、暗绿色、圆形至椭圆形病斑，后扩大成云纹状病斑，中部灰白色，边缘深褐色，外围暗绿色，病健部分界明显，病斑由下向上扩展，引起叶片枯黄，随后为害肉质茎，湿度大时呈墨绿色。发病严重时叶鞘、叶片早枯，茭肉干瘪，不堪食用。本病患部病征前期表现为蛛丝状物(病菌菌丝体)，后期表现为由菌丝体纠结而成的萝卜籽粒状的菌核。成熟后的菌核散落于田间表面。幼嫩菌核呈白色至乳白色绒球状，老熟菌核茶褐色，表面粗糙，仔细观察其呈海绵状孔，或似蜂窝状，易脱落。

茭白纹枯病致叶鞘上出现云纹状病斑

[发病规律] 病菌主要以遗落在土中的菌核越冬，或以菌丝体在病残体上、田间杂草及其他寄主作物上越冬。菌核随灌溉水传播，漂浮于水面，当菌核漂浮并附着于茭白植株上时，在适宜温、湿度条件下，萌发菌丝，从近水面的叶鞘处侵入致病。发病后，病部上形成的菌丝体又可通过攀援接触扩大侵染为害。菌核的存活力很强，遗落在土中表层甚至深层的菌核至少可存活1～2年。病菌喜高温高湿的环境。田间气温22℃时开始发病，以25～32℃又遇阴雨天发病最快。在高温多雨季节、田间通风不良的情况下病害容易发生并蔓延。田间长期深灌、疏于露晒田，或过分密植、株间通透性不良，或偏施、过施氮肥，植株体内游离氨态氮含量过高，都有利于病害的发展，使病情加重。浙江及长江中下游地区从5月中、下旬开始发病，茭白最适感病生育期为分蘖盛期及孕茭早期。

茭白纹枯病致叶片上出现云纹状病斑

（引自 韩敏晖）

[防治方法] ①实行合理轮作。结合中耕等农事操作，及时清除黄叶，改善通风透光条件。②植前尽量清除菌源。纹枯病重病地区和重病田，在翻耕耙平后，打捞、收集被风吹集至下风向的田边和田角的“浪渣”，带出田外烧毁或深埋，可减少菌源，减轻植株前期发病。③加强肥水管理。在用肥上，采取前促(分蘖)、中控(无效分蘖)、后补(催茭肥促孕茭)的施肥策略，配方施肥，施足基肥，适时适量追肥，促植株早生快发，壮而不过旺，稳生稳长，提高植株自身抵抗力。在水浆管理上，应根据茭白不同生长期对灌水深度的不同要求，以水调温，以水调肥。台风暴雨季节要注意排水，每次追肥前应适当放浅田水，施肥后待肥料被土壤吸收后再适度灌田水。④分蘖盛期前后通过喷药控制病害水平

扩展，植株生长中后期通过喷药控制病害垂直扩展，使植株保持足够的功能叶，以利孕茭，提高茭笋产量。发病初期可选用5%井冈霉素水剂500～800倍液、30%苯甲·丙环唑（爱苗）乳油，或43%戊唑醇（好力克）悬浮剂5 000倍液，或50%多菌灵可湿性粉剂800倍液等。每隔7～10天喷1次，连喷2～3次，具体视病情而定。注意孕茭期慎用杀菌剂。

莲藕病毒病

［学名］*Cucumber mosaic virus*，简称CMV，称黄瓜花叶病毒。

莲藕病毒病又称莲藕花叶病毒病。主要为害莲藕叶片，在莲藕全生育期皆可发生。

［病害症状］病株比健株矮，叶片变小，早发病的植株矮缩明显；有的病叶局部褪绿呈浓绿斑驳，畸形皱缩；有的病叶包卷不易展开；有的叶片皱缩粗糙、叶质显得粗厚；有的叶脉明显突起，叶片畸形。在病田中，常见植株受蚜虫群集叶背或叶柄处为害。

莲藕病毒病病株比健株矮，叶片变小

莲藕病毒病造成的局部坏死

莲藕病毒病导致叶片畸形皱缩

莲藕病毒病导致叶片皱缩粗糙、叶肉粗厚

莲藕病毒病病叶局部褪绿呈浓绿斑驳

莲藕病毒病田间为害状

［发病规律］病毒在多年生宿根植物上越冬。病原病毒潜伏在种藕内，带毒种藕是本病的主要初侵染来源。田间病害主要通过蚜虫传毒。病田中蚜虫多群集在莲株叶背或叶柄吸食为害。在广东，本病始见于5～6月。蚜虫发生较多的藕田病株率也较高。

［防治方法］①加强肥水管理和适当追施叶面肥，以促进植株生长，增强植株活力，减轻受害。②认真做好防蚜控病，必要时综合运用诱避杀蚜等多种手段防除蚜虫，减少病害传播。加强检查，于当地蚜虫迁飞高峰期及时杀蚜防病，药剂可参考蚜虫防治。③勿在病田选留种藕。④发现病株立即拔除。⑤发病初期用7.5%菌毒·吗啉胍水剂700倍液、3.85%三氮唑核苷·铜·锌600～800倍液、20%盐酸吗啉胍·乙铜可湿性粉剂500倍液、5%菌毒清可湿性粉剂500倍液，或0.5%菇类蛋白多糖水剂250倍液进行喷雾，7～10天1次，连喷2～3次。

莲藕腐败病

[学名] *Fusarium oxysporum* f. sp. *nelumbicola* (Nis. & Wat.) Booth

莲藕腐败病又称枯萎病、藕瘟，主要侵害莲藕地下茎部，造成变褐腐烂，并导致地上部枯萎。

[病害症状] 地下茎受害初期症状不明显，但剖视病茎的横切面可见中心处的维管束变褐或浅褐色，后变色部位逐渐扩展蔓延，从种藕延伸至新藕的地下茎，后期病茎、莲鞭和根被害部呈褐色至紫黑色不规则的病斑。严重时地下茎、节及须根变褐腐烂。受害藕上长出的叶片色泽淡绿，病茎抽生的叶片初期叶色变淡，叶缘出现水渍状萎蔫，逐渐向内扩展，后变褐干枯，最后整个叶片卷曲枯死，叶柄顶端处向下弯曲而枯死，故也称枯萎病。发病严重时，全田一片枯黄，似火烧状。

[发病规律] 病菌以菌丝体在种藕内或以厚垣孢子随病残体遗落土中越冬，带菌的种藕和病土是本病的主要初侵染源。病菌多从寄主的伤口、吸收根或生长点侵入。一般耕作层浅的老藕区及

莲藕腐败病致叶片水渍状萎蔫

莲藕腐败病致叶片卷曲枯死，叶柄顶端处向下弯曲而枯死

连作田容易发病；阴雨连绵、日照不足或暴风雨频繁的天气易发病；藕田土壤酸性大、污水入田或水温过高（35℃以上），食根金花虫为害猖獗，施用未腐熟有机肥，偏施、过施氮肥，都会加重发病。一般从5月中旬开始田间陆续出现，6月中、下旬为发病高峰期。

［防治方法］ ①重病田宜实行2～3年轮作。②精选种藕并进行消毒。种藕用75%百菌清+50%多菌灵（或70%甲基硫菌灵）（1∶1）800倍液喷雾加闷种，覆盖塑料膜密封24小时，晾干后种植。③藕田深耕翻耙，每667米^{2}施生石灰100～150千克。④腐熟有机肥与化肥相结合，氮肥与磷钾肥相结合，使藕株稳生稳长，壮而不过头。⑤在夏季温度高时，应深灌或流水灌溉。⑥及时拔除初发病株并喷药控病。由镰刀菌侵染致病的每667米^{2}可选用75%百菌清+50%多菌灵（或70%甲基硫菌灵）（1∶1）500克，或用高锰酸钾粉500克拌细土30千克，撒入浅水层中，2～3天后用45%噻菌灵（特克多）悬浮剂或25%丙环唑（敌力脱）1 000倍液喷洒地上部。由腐霉菌（*Pythium elongatum*）侵染致病的可选用68%精甲霜·锰锌（金雷）水分散粒剂或72%霜脲·锰锌（克露）

可湿性粉剂600～800倍液。7～10天喷1次，连喷2～3次。⑦注意防治食根金花虫，详见食根金花虫防治。

莲藕炭疽病

［学名］*Colletotrichum gloeosporioides* Penz.，称胶孢炭疽菌，属半知菌亚门真菌。

炭疽病是莲藕上重要的叶部病害之一，主要为害叶片。

［病害症状］病斑多始自叶缘，呈半圆形、椭圆形褐色至红褐色小斑，扩大后则呈不规则形，病斑中部褐色至灰褐色，稍下陷，常出现明显或不甚明显的云纹，有的病斑外围出现黄色晕圈。后期病斑上产生针头大小的小黑点或朱红色小点，即病菌的分生孢子盘。条件适宜时叶片上病斑密布，致叶片局部或全部枯死。严重时叶柄和茎亦受侵染，形成近梭形或短条状斑，暗褐色，后期病斑上产生很多小黑点，终致全株枯死。

［发病规律］病菌以菌丝体和分生孢子盘随病残体遗落在藕塘中存活越冬，南方地区，尤其是在海南和广东、广西等地，莲藕常延至翌春陆续采挖收获，病菌也可在田间病株上越冬。翌年环境条件适宜时，病菌分生孢子盘上产生的分生孢子借助风雨传播，进行初侵染与再侵染。高温高湿及雨水频繁的年份和季节有利于发病，氮肥偏施或过施、植株体内游离氨态氮过多造成抗病力降低而易感病。连作地或藕株过密、通透性差的田块发病重。

莲藕炭疽病多始自叶缘，呈半圆形、椭圆形褐色至红褐色小斑，扩大后则呈不规则形

［防治方法］①重病地实行轮作，收获后和生长期及时清除病残体。②本病防治

可结合莲藕烂叶病、紫斑病等叶部病害一起进行，通常无需单独防治。③发病初期喷25%咪鲜胺（施保克）可湿性粉剂1 200倍液、10%苯醚甲环唑（世高）水分散粒剂6 000倍液、50%甲基硫菌灵可湿性粉剂800倍液+75%百菌清可湿性粉剂800倍液、80%炭疽福美可湿性粉剂800倍液、2%抗霉菌素水剂200倍液或2%武夷菌素(BO-10)水剂150倍液。每隔7～10天喷1次，连续2～3次。

莲藕炭疽病病斑外围现黄色晕圈

莲藕炭疽病为害叶片状

莲藕烂叶病

［学名］*Phyllosticta hydrophila* Speg.

莲藕烂叶病又称斑枯病、莲藕叶点霉烂叶病，是莲藕生长中后期常见的一种病害。

［病害症状］叶片染病，初呈暗绿色水渍状不规则形斑，多从叶缘发生，有的受叶脉限制呈扇形大斑，后病斑中部红褐色，有时具轮纹，上生无数小黑点，即病原菌的分生孢子器。轻则叶面穿孔小斑密布，重则脉间坏死叶组织脱落，残留叶脉，致叶片如破伞状。

莲藕烂叶病叶片、叶面穿孔，小斑密布

莲藕烂叶病病斑受叶脉限制呈扇形

莲藕烂叶病为害状

莲藕烂叶病严重时脉间坏死

［发病规律］以分生孢子器在病残体上越冬。翌年条件适宜时产生分生孢子，借雨水、风和食叶害虫传播，发病后病部又产生分生孢子进行再侵染。湖北武汉产区5～9月发病，进入8月高温、多雨或暴风雨季节，植株长势弱的老叶易发病。江苏、浙江7月始发，9～10月受害重，浮叶受害程度重于立叶；偏施氮肥，长势茂盛郁蔽的田块发病重。

［防治方法］①冬季清理藕塘，彻底清除病残体集中烧毁，以减少菌源。②零星发病时，可及时摘除病叶，带出田外处理，避免扩散。③增施磷钾肥，巧施追肥和叶面肥，避免偏施、过施氮肥。按不同生育阶段控制水层，以水调温调肥，避免死水长期深灌。④及早喷药预防控病。在发病前，至迟在发病初期开始喷药1～2次预防，接着在病害盛发季节连治3～4次，喷雾与撒施相结合，控制病害蔓延扩大。药剂可选用27%高脂膜200倍液加80%代森锰锌可湿性粉剂800倍液、70%甲基硫菌灵+75%百菌清（1∶1）1 000～1 500倍液、50%甲基硫菌灵·硫黄悬浮剂500倍液、40%三唑酮·多菌灵可湿性粉剂800～1 000倍液，或30%碱式硫酸铜悬浮剂400～500倍液，交替施用，前密后疏。

莲藕叶疫病

［学名］*Phytophthora* sp.

［病害症状］主要为害莲藕叶片，以浮贴水面的叶片受害严重。叶片发病初为绿褐色小斑，后扩展成圆形、椭圆形或不定形黑褐色湿腐状病斑，病斑颜色分布不均匀，多个病斑相互连接致叶片变褐腐烂或干缩，贴水叶片不能抽离水面。严重时叶柄亦坏死腐烂。

［发病规律］病菌以菌丝体随病残体或以卵孢子散布在藕塘中存活越冬，以孢子囊及其产生的游动孢子作为初侵染与再侵染源，借水流传播蔓延，从叶片气孔侵入致病。高温多雨、空气潮湿利于病害的发生与发展。

［防治方法］①因地制宜选育和种植抗病品种，勿栽带病秧苗，发现病株及时拔除。②科学施肥，施用充分腐熟的农家肥，避免偏施氮肥，提高植株抗病力。③加强水浆管理，遇有水涝，在水退后要及时用清水冲洗叶面。④收获后清除莲塘病残组织，减少次年菌源。⑤药剂防治。发病初期可选用72%霜脲·锰锌可湿性粉剂

病叶上圆形、椭圆形或不定形黑褐色湿腐状病斑

莲藕叶疫病致使叶片变褐腐烂

莲藕叶疫病为害状

600 ～ 800倍液、72.2%霜霉威水剂600倍液，或68.75%氟菌·霜霉威（银法利）700倍液。在排灌方便的地方或田块，施药前半天或一天宜放水露田或保持薄水层，24 ～ 48小时后再回水至莲藕生育所需的水层。隔7 ～ 15天1次，连续施药2 ～ 3次，前密后疏，交替施用。

莲藕小菌核叶腐病

［学名］*Sclerotium hydrophilum* Sacc.

［病害症状］主要侵染浮贴水面的莲藕叶片。叶片病斑近圆形至不定形，黑褐色至黑色，坏死部分易脱落成穿孔，被害浮叶外观呈破烂状。后期病斑或穿孔斑的边缘可见蛛丝状菌丝以及由菌丝纠结而成的白色绒球状菌丝团和茶褐色菜籽状菌核。发病重的，叶片变褐腐烂，难于抽离水面。

莲藕小菌核叶腐病病斑近圆形至不定形，黑褐色至黑色

莲藕小菌核叶腐病后期病斑坏死部分易脱落成穿孔，被害浮叶外观呈破烂状

[发病规律] 病菌以菌丝体和菌核随病残体遗落在莲藕塘（田）中越冬。第2年菌核漂浮水面，借助灌溉水传播，气温回升后菌核萌发产生菌丝侵害叶片。发病后病部产生的菌丝又不断进行再侵染而使病害蔓延。病菌发育适温25～30℃，高于39℃或低于15℃不利发病，夏、秋高湿多雨季节易发病。

[防治方法] ①科学配方施肥，使用充分腐熟的农家肥，增施磷钾肥，提高植株抗病力。②收获后清除塘内病残组织，减少次年菌源。③药剂防治。发病初期可用5%井冈霉素水剂500～1 000倍液、20%氟纹胺(望佳多)可湿性粉剂800～1 000倍液、50%农利灵(乙烯菌核利)可湿性粉剂1 000～1 300倍液，或40%嘧霉胺（施佳乐）悬浮剂3 000～4 000倍液，7～15天喷1次，喷药2～3次，交替施用，前密后疏。

莲藕叶片紫斑病

[学名] *Pseudocercospora nymphaeacea* (Cke. et Ell.) Deighton

莲藕叶片紫斑病又称假尾孢褐斑病，主要为害莲藕的叶片，以夏、秋为重。

[病害症状] 为害莲藕立叶。初在叶面上出现圆形褐色小斑，后扩大为绿豆粒至黄豆粒大小的不规则角状紫斑，外围常具不均匀黄色晕环，严重时多个病斑可互相联合为斑块，致使叶片局部或大部分焦枯。病斑上密生小黑点。

莲藕叶片紫斑病叶面上出现绿豆粒至黄豆粒大小不等的不规则角状紫斑，外围常具不均匀黄色晕环

［发病规律］病菌以菌丝体和分生孢子座随病残体遗落在藕塘越冬，或在病株上越冬，翌年5～6月随植株生长侵入藕株，分生孢子借助风雨传播进行初侵染与再侵染，致使病害蔓延。本病多发生于植株生长中后期。生长衰弱的植株易染病，老熟的叶片较嫩叶易染病。气温20～30℃及阴雨天湿度高易诱发此病。连作、藕株过密、通透性差的田块发病重。一般发生在5～9月。

［防治方法］①及时收集病残体深埋或烧毁，重病田实行2～3年轮作。②适期栽种，与雨季盛期错开；注意有机肥与化肥相结合，氮肥与磷钾肥相结合施用；按藕株不同生育期管好水层，适时换水，深浅适度，以水调温调肥促植株壮而不过旺，增强抗病力，减轻发病；田

莲藕叶片紫斑病后期病斑相连

莲藕叶片紫斑病严重为害状

藕百草枯药害状，病斑无轮纹，可与紫斑病区别

间发现病株及时拔除，收获后清除莲塘病残组织。③及早喷药防治，做到无病预防，有病早防。可喷施25%咪鲜胺可湿性粉剂1 000倍液、70%甲基硫菌灵可湿性粉剂+75%百菌清可湿性粉剂(1 ∶ 1) 1 000～1 500倍液、25%唑菌腈（应得）悬浮剂1 000倍液，或40%氟硅唑（福星）乳油5 000倍液。最好能按天气预报于雨前1～2天喷施预防或雨后转晴补喷。

莲藕交链霉黑斑病

［学名］*Alternaria nelumbii* (Ell. et Ev.) Enlows et Rand

莲藕交链霉黑斑病又称莲藕褐纹病、叶斑病、黑斑病，主要为害莲藕叶片。以夏、秋发病重。

莲藕交链霉黑斑病前期病斑

莲藕交链霉黑斑病严重时叶上布满病斑

［病害症状］初期在叶片上出现浅褐色至黄褐色小点，后逐渐扩展成圆形至不定形褪绿褐色或黄褐至褐色枯死斑，边缘较明显，病健交界部常具有黄色晕环，叶背面病斑颜色较正面略浅，湿度高时，病斑表面产生灰黑色霉状物，即病菌的分生孢子梗和分生孢子。多个病斑融合后，可致叶片上出现大块焦枯斑，严重时除叶脉外，

整个叶上布满病斑，致半叶或整叶干枯。

莲藕交链霉黑斑病病斑相连状

［发病规律］病菌以菌丝体和分生孢子丛在病残体上或采种藕株上存活和越冬。翌年产生分生孢子，借风雨传播进行初侵染，经2～3天潜育发病，病部又产生分生孢子进行再侵染。在湖北5月中旬始发，7～9月高温多雨季节盛发，尤其是暴风雨后或莲藕生长衰弱时易染病；藕田水温高于35℃或偏施氮肥、蚜虫为害猖獗的发病重。

［防治方法］①与水稻等禾本科作物实行2～3年轮作，选用无病藕留种。②冬季田间彻底清除病残叶并集中烧毁。③提倡施用充分腐熟有机肥，避免氮肥施用过量，注意控制水温在35℃以下。④在大风、暴雨来临前，把藕田水灌足、灌深，防止狂风造成伤口。⑤发病初期摘除病叶，并喷药防治。亦可结合防治莲藕烂叶病、紫斑病、炭疽病等叶部病害一起进行，无需单独防治。用药可参照烂叶病和炭疽病。

莲藕棒孢霉褐斑病

［学名］*Cornespora cassiicola* (Berk. et Curt.) Wei

［病害症状］主要为害莲藕叶片和叶柄。发病初在叶片上产生绿褐色小斑点，后扩展为暗褐色不规则形或多角形病斑，病斑直径2～8毫米，四周具黄褐色晕圈，病斑上有明显或不明显的轮纹，后期病斑常互相融合成大小不等的不规则形斑块，导致病部变褐干枯。叶柄发病易折断垂下。

［发病规律］病菌以菌丝体随病残体遗落在藕塘中或在病株上

越冬。翌年5～6月产生分生孢子随植株生长引起初侵染，随后病部不断产生分生孢子，通过气流传播，造成再侵染。病菌生长发育适宜气温为20～30℃，连续阴雨、相对湿度高的天气病害易流行。常年5～9月发病较普遍。

［防治方法］①重病田实行2～3年轮作。②适时播种，合理密植，改善通风透光条件；施足腐熟有机肥，增施钾肥；播种后宜灌浅水，有利于提高温度，使其提早发芽。在高温大风季节则应

莲藕棒孢霉褐斑病不规则形或多角形病斑，四周具黄褐色晕圈

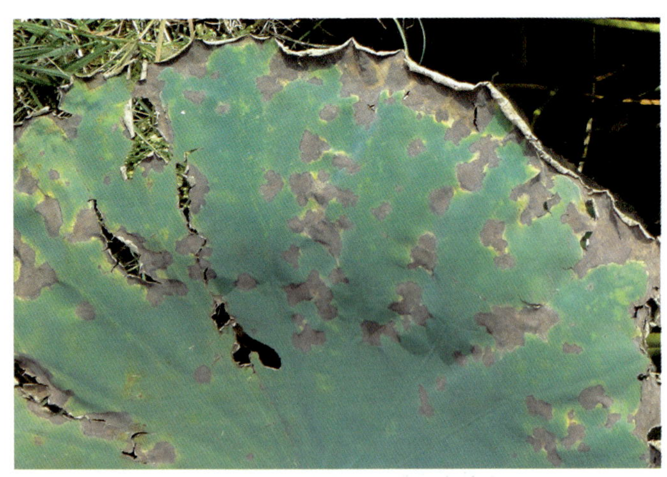

莲藕棒孢霉褐斑病病斑相连状

莲藕棒孢霉褐斑病后期病斑常互相融合成大小不等的不规则形的斑块，导致病部变褐干枯

适当灌深水。在莲藕生长中后期随时将病叶清除销毁，但需注意不要折断叶柄，以免雨水或塘水灌入叶柄通气孔，引起地下茎腐烂。③及早喷药防治。做到无病预防，有病早防。药剂可选80%炭疽福美可湿性粉剂或25%咪鲜胺可湿性粉剂1 000倍液、68.75%唑菌酮·代森锰锌800～1 000倍液、70%代森联可湿性粉剂500～600倍液、70%甲基硫菌灵可湿性粉剂+75%百菌清可湿性粉剂(1 ： 1)1 000～1 500倍液，或40%氟硅唑（福星）乳油5 000倍液，每隔7～10天喷1次，连续2～3次。最好能按天气预报于雨前1～2天喷施或雨后转晴补喷。

莲藕芽枝霉污斑病

［学名］*Cladosporium* sp.

［病害症状］为害莲藕立叶。病斑多从叶缘开始，由外向内沿叶脉间的叶肉扩展，近圆形至不定形，相互融合串成条状，污褐色，边缘出现黄色变色。后期病斑表面出现暗灰色薄霉病征，即病菌的分生孢子梗与分生孢子。

莲藕芽枝霉污斑病为害浮叶

莲藕芽枝霉污斑病病斑多从叶缘开始，由外向内沿叶脉间的叶肉扩展，近圆形至不定形，相互融合串成条状

莲藕芽枝霉污斑病多个病斑连成串状

莲藕芽枝霉污斑病后期病斑污褐色，边缘出现黄色变色部

[发病规律] 病菌以菌丝体及分生孢子梗随病残体遗落在藕塘或在病株上越冬。分生孢子借助气流传播，进行初侵染与再侵染。

[发病规律] ①重病田实行2～3年轮作。②加强栽培管理。适期栽种，与雨季盛期错开；注意有机肥与化肥相结合，氮肥与磷钾肥相结合施用；按藕株不同生育期管好水层，适时换水，深浅适度，以水调温调肥，促使植株壮而不过旺，增强抗病力，减轻发病；田间发现病株及时拔除，收获后清除莲塘病残组织，减少次年菌源。③药剂防治。及早喷药防治，做到无病预防，有病早防。可参考莲藕叶片紫斑病和炭疽病。最好能按天气预报于雨前1～2天喷药或雨后转晴补喷。

菱角菌核病

[学名] *Rhizoctonia solani* Kühn.

又称菱角纹枯病、白绢病、菱角瘟、白烂病，是菱角主要的病害之一，常造成大面积菱叶腐烂。

[病害症状] 主要为害菱角叶片，水中的“菊状叶”和浮出水面的“出水叶”都可受害。初在叶片上出现少数黄色小斑点，后

增多和扩大。叶斑近圆形、椭圆形至不定形，黄褐色，病斑表面具云纹，病健部分界明显，病斑扩大后相互融合，导致叶片腐烂枯死，以至整个菱盘都烂掉。病部可见蛛丝状菌丝体和由菌丝纠结成的菌核，故称菌核病。

［发病规律］病菌以菌核在土壤中或菌丝体在病残体、杂草、田间其他寄主作物上存活越冬。在菱角栽培季节，浮于水面或沉于水下的菌核可萌发伸出菌丝侵染致病，病部上的菌核不经休眠即可萌发长出菌丝进行再侵染，病部菌丝靠攀援接触侵染邻近叶片。时晴时雨、高温湿闷的天气有利病菌的繁殖和侵染，故本病

菱角菌核病叶斑近圆形、椭圆形至不定形，黄褐色，病斑表面具云纹

菱角菌核病病斑扩大后相互融合

菱角菌核病病部菌丝体

菱角菌核病病部菌丝及初形成的菌核

菱角菌核病形成的菌核

菱角菌核病造成叶片腐烂枯死

在8～9月的高温多雨季节发病重。在夏季和初秋，天气闷热、温度高、湿度大时病害容易发生和蔓延，水质污浊时更易发病。病菌的孢子可随水流和风雨传播。菱田偏施、过施氮肥，菱株体内游离氨基酸含量高时易染病。

菱角菌核病为害致使叶片腐烂

[防治方法] ①实行合理密植，防止夏、秋水面菱盘过于拥挤。②保持水质清洁，防止污染；及时清理池塘边的菱株残体或残渣，并铲除塘边杂草。③4～5月在菱塘周围留一道空白带，宽1.0～1.5米，能有效地防止塘边越冬病菌侵入菱叶为害。④历年病重的菱塘，应在5月底或6月初沿菱塘的隔离保护带喷药2～3米宽进行预防。发现病叶应去除病株，并及时施药封锁。药剂可用50%异菌脲（扑海因）可湿性粉剂1 000倍液、40%环丙胺（菌核净）1 500倍液、20%氟纹胺（望佳多）可湿性粉剂800～1 000倍液、50%农利灵(乙烯菌核利)

可湿性粉剂1 000～1 300倍液，以上药剂可加0.1%洗衣粉以增加黏着性。每7天左右喷1次，连续2～3次，与爱多收、喷施宝等叶面肥混合施用效果更佳。

菱角褐斑病

［学名］*Cercospora insulana* Sacc.

［病害症状］初在菱角叶片边缘出现不明显的淡褐色小斑点，后逐渐扩大，形成圆形或不规则形的较大斑块，深褐色，病斑上产生许多黑色或褐色小点，即病菌的分生孢子，分生孢子借风雨传播。病斑扩大后引起菱叶和菱盘早枯，导致减产。

菱角褐斑病病斑

菱角褐斑病圆形或不规则形的深褐色大斑块

菱角褐斑病病斑上产生褐色小点

［防治方法］①实行合理密植，防止夏、秋水面菱盘过于拥挤；保持水质洁净，防止污染。②发病初期摘除病叶或病盘，携出销毁或深埋，同时喷洒50%多菌灵可湿性粉剂800倍液或40%多菌灵·井冈霉素胶悬剂600倍液。每隔5～7天喷施1次，连喷2次。采收前10天停止用药。

荸荠茎枯病

［学名］*Cylindrosporium eleocharidis* Lentz.

俗称"荸荠瘟"、秆枯病，是荸荠发生最严重的一个病害，只侵染荸荠和野荸荠，主要侵害茎秆和叶鞘，花器、鳞茎等亦可受害。

［病害症状］通常叶鞘先发病，由叶鞘扩及茎秆。叶鞘染病，基部初现暗绿色水渍状梭形或椭圆形小斑，后扩大为不规则大斑，可扩展到整个叶鞘，病部干燥后边缘为褐色，病斑中部呈灰白色，并产生短条状黑色小点，即病菌的分生孢子盘。茎秆染病，初呈水渍状梭形或椭圆形至不规则形暗绿色病斑，后呈水渍状暗黄色，病部组织变软凹陷，其上出现黑色小点或短线状斑点。随着病情的发展，病斑向上逐步扩展为长条状枯黄色大斑，致使叶状茎干

枯发黄，严重时全茎死亡，病茎处可见大量浅灰色霉层，病斑下部茎秆仍保持绿色。

荸荠茎枯病病斑梭形或椭圆形至不规则形，水渍状，暗黄色，病部组织变软凹陷

荸荠茎枯病梭形病斑

荸荠茎枯病病斑上出现黑色小点

荸荠茎枯病后期病斑向上逐步扩展为长条状枯黄色大斑，致使叶状茎干枯发黄

荸荠茎枯病大田发病状

［发病规律］ 病菌以分生孢子在病残体及球茎上越冬。翌年条件适宜时产生分生孢子，孢子萌发产生芽管，由气孔或穿透表皮直接侵入，经6～13天潜育，病部又产生分生孢子，借风雨传播蔓延，进行再侵染。发病适宜田间温度为17～29℃，最适温度为25～28℃。连阴雨、浓雾及重露天气有利于该病发生流行。种植密度过大、通风透气不良、早期追施氮肥过多或缺乏磷钾肥等都会使病情加重。该病主要发生在5月荸荠育苗期间和移栽大田后的8～10月，以9～10月发病最重。

［防治方法］ ①实行3年以上轮作，最好进行水旱轮作。②清洁田园，销毁田间病残体，减少次年初侵染源。③选用无病种球作种，做好种球处理。播种前，将种球置于25%多菌灵可湿性粉剂500倍液或50%甲基硫菌灵可湿性粉剂800倍液中浸泡16小时左右。定植前，再对幼苗根系或种球进行同样处理，可基本消除种苗带菌。④适时换水，避免串灌、浸灌和长期深灌。⑤施足基肥，增施有机质肥和磷钾肥，避免偏施或过施氮肥。⑥发病初期及时用药交替防治。药剂可选用20%三唑酮乳油800倍液、40%三唑酮·多菌灵可湿性粉剂600～800倍液、30%苯甲·丙环唑(爱苗)乳油或43%戊唑醇（好力克）3 000倍液、25%丙环唑（敌力脱）

乳油1 500倍液、10%世高（苯醚甲环唑）水分散粒剂1 000倍液。荸荠叶状茎直立光滑，上覆盖着蜡质，药液不易展着，喷药时最好加入展着剂，如加有机硅表面活性剂（每15千克药液加10毫升），以提高药物的黏着力。另外，喷药时，压力要大，喷片口要细，喷出的药液成雾状，均匀的覆盖在茎苗上，以达到理想的防治效果。

荸荠枯萎病

［学名］*Fusarium oxysporum* f. sp. *eleocharidis* Schiecht, D. H. Jiang. H. K. Chen.

荸荠枯萎病俗称“荸荠瘟”，是一种毁灭性病害，从播种至收获皆可发生，致荸荠烂芽、枯苗和球茎腐烂，尤以成株期受害最重。

［病害症状］苗期或成株期染病，茎基部初变褐，植株生长衰弱、矮化、变黄，似缺肥状，以后少数分蘖开始枯萎，终至全株枯死；根及茎部染病变黑褐色软腐，植株枯死或倒伏，局部可见粉红色黏稠物，即病菌的分生孢子座和分生孢子；球茎染病变黑褐色并腐烂。

荸荠枯萎病病根变黑褐色软腐

荸荠枯萎病病根及茎部染病变黑褐色软腐

荸荠枯萎病茎部变黑褐色软腐

荸荠枯萎病茎部变黑

[发病规律] 病菌以菌丝潜伏在荸荠球茎上越冬，并可随球茎作为蔬菜或种球的调运进行远距离传播。田间发病后病菌通过灌溉水和雨水传播，使病害扩展蔓延。病菌可沿匍匐茎蔓延，形成发病中心。在秧田期及大田前期，常整丛黄枯，称为“整棵死”。到9月病情盛发期，地下茎基很快腐烂，地上部表现为失水青枯，称为“青枯死”。失水的地上茎易拉起，基部软腐，并有微红色霉层。到11月中旬以后，气温进一步下降，不利于病菌生长发育，病害停止发展。病菌生长发育所需的温度为10 ～ 35℃，最适宜的温度为25 ～ 30℃。荸荠生长期偏施氮肥和施用未腐熟的有机肥，病害发生严重。

[防治方法] ①严禁带病球茎或种球向外调运。②避免使用带病种球和种苗，不要在病田留种。对带病种球进行消毒，栽种前用80%代森锰锌可湿性粉剂1 000倍液浸10 ～ 20分钟后下种。③发病田块可与莲藕、慈姑等轮作3年以上。不宜重烤田至土表裂缝，否则更容易发病。④秧田后期用药防治2次，带药下大田。大

田前期发现病株及时拔除，并带出田外销毁，用药封锁发病中心。药剂可用25%咪鲜胺乳油1 000～1 500倍液、20%噻菌铜500～600倍液或25%丙环唑乳油1 500倍液。10天喷1次，防治3～4次。田间喷药掌握在发病初期进行，并注意多次喷药，交替使用不同类型的杀菌剂。

慈姑黑粉病

［学名］*Doassansiopsis horiana* (P.Henn.) Shen.

慈姑黑粉病俗称疮疱病，是慈姑的重要病害。

［病害症状］主要为害叶片、叶柄、花器和球茎。发病初期，在叶片上出现褪绿的圆形小斑点，后逐渐发展为黄绿色不规则圆形泡状突起，泡状突起部分表面粗糙，内部似海绵状，边缘深褐色，叶片背面凹陷，常有黄白色浆液流出；后期病斑变灰褐色，泡状表皮枯黄破裂，散发出许多黑色小粉状物（即病菌的孢子团），最后叶片发黄。叶柄受害，初期叶柄上病斑为褪绿圆形小点，后发展成椭圆形瘤状突起，上面有数条纵沟或产生黑色条斑；后期病斑呈枯黄色，表皮破裂后散发出黑粉孢子团，严重时叶柄常会折断。花器受害，子房变成黑褐色。球茎受害，多在植株基部与匍匐茎结处发病，造成茎皮开裂。

慈姑黑粉病前期症状　　（引自韩敏晖等）

慈姑黑粉病后期症状　　(引自韩敏晖等)

[发病规律] 病菌以冬孢子团随病残体遗落在土中或沾附在慈姑种球上越冬。翌春，当气温回升到15℃以上时，越冬的冬孢子团萌发产生担子和担孢子，作为初侵染源，通过气流、田水或雨水溅射传播，从幼叶气孔或从表皮直接侵入致病。发病后病部产生的冬孢子作为再次侵染源，进行多次重复侵染，导致病害蔓延。病菌发育和孢子萌发温度为10 ～ 37℃，最适温度为20 ～ 30℃，相对湿度95%以上。高温高湿是本病发生发展的主要因素，天气湿闷、雷阵雨频繁有利于发病。通常气温在26 ～ 28℃，连续降雨2天以上时病情发展最快，每次雨后发病加重。梅雨季节往往病害盛发。偏施、过施氮肥，植株嫩绿徒长，种植过密、深灌水等会加重发病。连作地、施用未腐熟有机肥、通风透光性能差的田块发病严重。高温、高湿、多雨发病重，天气闷热、连续大雨或暴雨发病重而迅猛。浙江及长江中下游地区的发病盛期为6～7月。

[防治方法] ①重病田实行2年以上轮作，水、旱轮作最好。②选择无病、健壮、抗病品种做种，杜绝病源。③种球用25%三唑酮·多菌灵可湿性粉剂1 000 ～ 1 500倍液，或80%“402”抗菌剂乳油1 000倍液浸泡1 ～ 3小时后定植。④在冬前清除慈姑田的

病残体及四周杂草，深耕翻耙，并撒施生石灰1 500千克/公顷或药剂灭菌。⑤施用腐熟的有机肥，适时适量追肥，做到有机肥和化肥相结合，氮肥与磷钾肥相结合。⑥加强水浆管理，浅水勤灌，严防干旱，避免长期深灌，适时适度搁田，做到干干湿湿，促进根系发育，增强植株抵抗力。⑦对已发病的病株残体要彻底清除，并集中烧毁或深埋。⑧发病初期喷施12.5%烯唑醇可湿性粉剂2 000倍液、15%三唑酮（粉锈宁）可湿性粉剂1 000倍液、40%三唑酮·多菌灵可湿性粉剂1 000 ～ 1 500倍液或40%氟硅唑乳油8 000倍液，7 ～ 10天1次，连喷2 ～ 3次。

慈姑斑纹病

［学名］*Cercospora sagittariae* Ell.et Kell.

［病害症状］为害叶片和叶柄，叶片病斑为近圆形至多角形，大小不等，黄褐色至灰褐色，稍呈轮纹状，病健部分界明显，周围有黄绿色晕带，数个病斑互相连接成大斑块，严重时致叶片变黄干枯。叶柄生短线状褐斑，湿度大时病斑表面生灰色至暗灰色霉层。

［发病规律］病菌以菌丝体和分生孢子梗随病残体遗落在土中

慈姑斑纹病病叶（前期）

慈姑斑纹病为害状

慈姑斑纹病严重为害状

越冬，种球也可带菌。病菌以分生孢子作为初侵染与再侵染源侵染致病。次年天气转暖后病部产生分生孢子，通过气流、雨水传播，侵入植株为害。通常温暖多湿的天气和偏施、过施氮肥，植株生长过于茂密，利于发病。

［防治方法］ ①实行合理轮作，增施有机肥和磷钾肥，避免偏施、过施氮肥。根据慈姑发芽期、抽叶至球茎开始膨大和球茎形成期的生育需要管好水层，避免长期深灌。②选留无病球茎作种。及时清除病叶、黄叶、枯叶、杂草和防治害虫。③发病初期可用70%甲基硫菌灵可湿性粉剂800 ～ 1 000倍液、80%代森锰锌可湿性粉剂600倍液、15%粉锈灵可湿性粉剂1 000倍液、40%多硫悬浮剂500倍液或20%三环唑可湿性粉剂1 500 ～ 2 000倍液，每15千克药液加入10毫升有机硅表面活性剂以增加展着性，7 ～ 10天喷1次，连续防治2 ～ 3次。交替施用，前密后疏，喷匀喷足。

二、水生蔬菜虫害

二　化　螟

［学名］*Chilo suppressalis* (Walker)

二化螟又称蛀心虫、蛀秆虫、枯心虫。属鳞翅目，螟蛾科。在南、北稻区普遍发生，是我国水稻、茭白上的主要害虫。近年来，全国各地二化螟的发生均呈上升趋势，主要为害水稻、茭白、玉米、甘蔗、小米、芦苇、蚕豆、油菜等。

［形态特征］成虫体长13～16毫米，触角丝状，前翅近长方形，黄褐色，外缘有6～7个小黑点。雄蛾体较小，翅面布满褐色不规则小点，色较深，雌蛾色较淡。卵扁椭圆形，10余粒至百余粒组成卵块，排列成鱼鳞状，初产时乳白色，将孵化时灰黑色。幼虫老熟时体长20～30毫米，圆筒形，淡褐色，体背有5条暗褐色纵带，腹面灰白色。蛹长约10～13毫米，淡棕色，前期背面尚可见5条褐色纵线，中间3条较明显。

二化螟成虫

二化螟卵块

[为害状] 成虫在茭白叶背面产卵，孵化后不久，蛀入心叶或茎内为害。成虫叶鞘内蛀食，造成枯鞘；分蘖期侵入，造成枯心苗，致使苗死亡，孕茭期侵入，使茭肉直接被虫蛀坏，造成虫蛀茭。蛀孔高度和大螟相仿，但无虫粪排出株外，蛀孔处也产生紫褐色水渍状斑块。

二化螟孵化前的黑卵

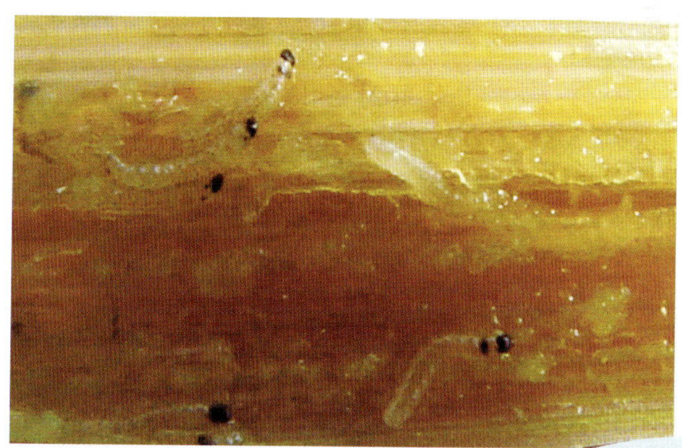
二化螟初孵幼虫

二化螟高龄幼虫

二化螟蛹（背面）

二化螟蛹（腹面）

二化螟为害茭白造成枯鞘

二化螟为害茭白造成枯心苗

二化螟幼虫蛀茭

[生活习性] 黑龙江1年发生1代，辽宁1～2代，北纬32°～36°之间的山西、河南、安徽北部、湖北北部、四川北部、江苏北部等地1年发生2代。北纬26°～32°之间的长江流域稻区，如四川南部、湖北、湖南、安徽、浙江等地，1年发生3～4代。北纬20°～26°之间的福建南部、江西南部、湖南南部、广东、广西等地，1年发生4代。北纬20°以南的海南省1年发生5代。浙江1年发生不完全4代。以三至六龄幼虫在稻桩、稻草、茭白及杂草中越冬。翌年春季在稻桩、茭白遗留根茬中越冬的未成熟幼虫(四至五龄)，春暖后能侵入蚕豆、油菜、紫云英、大小麦等植株为害。常年越冬代成虫发生于4月底至5月上旬，6～8月为盛发严重为害期。卵多产于叶背。初孵幼虫有群集性，三龄开始分散转移。

[防治方法] ①茭白采收后到越冬幼虫活动前，齐泥割掉茭白残株，在幼虫转移为害前，铲除田埂、田边杂草，消灭各代幼虫。②灌深水杀蛹。在幼虫化蛹期前，排干田水，待化蛹高峰

二化螟性诱剂诱杀成虫

期，灌深水10～15厘米，过3～5天后排水，可杀死蛹。③二化螟性诱剂诱杀。每公顷安放二化螟诱捕器20～30个，并且需要连片，一般面积要求在3公顷以上，效果较好。诱捕器悬挂高度距地面1～1.5米或高于作物表面20厘米左右，诱芯底部调整在离水面1厘米，水中加少许洗衣粉，以防止水分蒸发和成虫跑掉。水少时要及时补加水，水变质时（10～15天）换水并补加洗衣粉。每个诱捕器放1枚诱芯，每4～6周更换诱芯。适时清理诱捕器中的死虫，收集到的死虫不要随便倒在田间。诱捕数超过一定量时也要及时更换诱芯，性信息素引诱的是成虫，所以，诱捕应在低密度时开始。性信息素产品易挥发，因此，需要存放在较低温度的冰箱中，保存处应远离高温环境，诱芯应避免暴晒。使用前打开密封包装袋，毛细管型只有在使用时剪开封口，性信息素具有高度专一性，许多还有高度挥发性气味，极度敏感，在使用过程中不同的性诱剂之间要有一定的距离，以防昆虫迷茫。④药剂防治。一般掌握在卵孵化高峰期用药，药剂可用20%氯虫苯甲酰胺、40%氯虫苯甲酰胺·噻虫嗪3 000～5 000倍液或10%阿维·氟虫双酰胺（稻腾）1 500倍液，用药后田中保持水层3～5厘米3～5天。

大　螟

［学名］*Sesamia inferens* (Walker)

大螟又称稻蛀茎夜蛾、蛀心虫，属鳞翅目，夜蛾科，是茭白的主要害虫之一。

［形态特征］成虫体长12～15毫米，淡褐色，前翅近长方形，外缘色较深，中央有暗褐色纵线纹，上、下各有2个小黑点。雄蛾触角短栉齿状，雌蛾触角丝状。卵扁球形，表面有细纵隆线，卵粒平铺排列成2～3行，初产时白色，孵化时淡黄色。幼虫共6龄，老熟幼虫体粗壮，体长20～45毫米，头部淡红褐色、体背淡紫红色，腹面淡黄色，比稻区大螟幼虫个体大。蛹较肥大，黄褐色，背面颜色较深。头、胸部有白色粉状物。

［为害状］大螟为害状与二化螟相似，以幼虫钻心为害，蛀食茎和心叶，造成枯心苗与枯茎，减少基本苗数。在茭白结茭期还可蛀入肉质茎，造成枯茎和虫蛀茭，影响茭白的产量与质量。大螟为害造成的虫孔较大，有大量虫粪排出茎外，主要集中在田边为害。

［生活习性］浙江1年发生4代，福建、广西4～5代，广东南部及台湾南部6～8代，以老熟幼虫在水稻、茭白茎秆或根茬内越冬，但在广东南部、海南和台湾南部则无停滞发育越冬现象。在茭白与水稻混栽的地区，该虫在两寄主间转移为害，情况更重。成虫飞翔力弱，常静伏于植株丛间，趋光性不强，但对黑

大螟成虫

大螟老熟幼虫

大螟蛹

光灯仍表现趋性。卵多产于叶鞘内侧。初孵幼虫蛀食叶鞘，蛀入处有红褐色锈斑，三龄前后分散转移为害。幼虫从外部叶鞘逐渐向心叶侵入，并有虫粪排出株外，心叶受害，产生“抽心死”。幼虫可转株为害，被害植株茎秆外部可见较大的蛀孔及较多的虫粪，蛀孔多离水面10～30厘米。江浙一带第一代幼虫在5月下旬盛发，主要为害茭白，第二、三代幼虫分别在7月中、下旬和8月下旬盛发，主要为害水稻，茭白受害较轻。

［防治方法］①采收后齐泥割掉茭白残株或火烧茭墩，并铲除田边杂草，有助于减少次年虫源。②及时清除田边杂草，灌深水杀蛹。在幼虫化蛹期前排干田水，使幼虫化蛹位置降低，待化蛹高峰期，灌深水10～15厘米，3～5天后排水可杀死虫蛹。③抓好第一代测报。可在4月剥查田边雄茭、灰墩茭内的大螟蛹(20～30头/次)，根据化蛹率，推测幼虫孵化高蜂期，即是药剂防治适期。重点在茭田四周外围3～4行植株上周到喷药，药剂每667米^{2}可选用20%氯虫苯甲酰胺或40%氯虫苯甲酰胺·噻虫嗪3 000～5 000倍液、10%阿维·氟虫双酰胺（稻腾）1 500倍液、5%甲维盐乳油4 000倍液、24%甲氧虫酰肼悬浮剂（雷通）2 500倍液或15%茚虫威悬浮剂（安打）3 000倍液。

长 绿 飞 虱

［学名］*Sacchcarosydne procerus* (Matsumura)

长绿飞虱属同翅目，飞虱科，只为害茭白，是一种单食性害虫。对茭白严重为害时，茭白整株枯黄，叶片卷曲枯死，植株萎缩短小，严重影响茭白的质量和产量。

［形态特征］成虫体长6毫米左右，雌虫体黄绿色，雄虫体翠绿色。体表均具油状光泽，头顶尖而突出。前胸背板和中胸小盾片各有3条纵脊。翅半透明，前翅末端尖长，有的个体前翅端部后缘有黑褐色条纹。卵香蕉状，初半透明，后为乳白色，最后为灰黄色。卵孔上覆盖雌虫腹端分泌的蜡粉。初孵若虫乳白色，稍透明，体光滑，无蜡粉，三龄后体变绿色。若虫体背披白色蜡丝或

长绿飞虱成虫

蜡粉，五龄若虫体长4.1毫米，体绿色，具绒毛状蜡质，前翅翅芽伸达腹部四至五节，并覆盖后翅芽，腹部末端有5～7根蜡丝，中间一根最长。

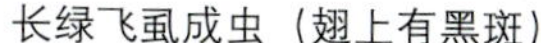

长绿飞虱成虫（翅上有黑斑）

长绿飞虱成虫群集为害

[为害状] 主要为害叶片和叶鞘。主要以成、若虫集中在心叶及嫩叶叶脉附近吸汁为害，被害叶出现黄白色至浅褐色或棕褐色斑点，后叶片从叶尖向基部逐渐变黄干枯，虫体排泄物覆盖叶面形成煤污状，造成植株萎缩矮小，严重时叶片卷曲枯死。雌虫产卵痕初呈水渍状，后分泌白绒状蜡粉，出现伤口后失水，植株成团枯萎，成片枯死，不能结茭。

[生活习性] 吉林1年发生3代，江苏、江西、浙江、湖北、上海发生4～5代，二、三代后世代重叠。以滞育卵在秋茭白、野茭

长绿飞虱成虫、若虫聚集为害

长绿飞虱若虫

长绿飞虱产卵痕

白等寄主的叶脉、叶鞘内或枯叶中越冬。浙江翌年4月初茭白露青后，卵即陆续孵化，5月中旬为第一代成虫盛发期，除少量成虫留原地繁殖外，大多迁向大田栽培的茭白上孳生繁殖，二至五代成虫高峰期分别出现在6月下旬、7月下旬、8月下旬和9月下旬，尤以7～8月的第三至四代发生量最大，严重为害茭白，9～10月后，田间虫口渐降，11月前后越冬。成虫和若虫有群集性，大多栖息于叶片中脉附近，稍受惊动，即横向爬行。成虫有一定的趋光性。成虫产卵于中脉组织的小隔室内，卵单产，10～20粒左右排列成行，形成相对集中的卵块，产卵部位多在叶片中部偏下方。3～5月若气温偏高，越冬代发育后期缩短，发生提早。

［防治方法］ ①冬季清除茭白、野茭白残茬和田边杂草，集中晒干并烧毁。②翌年3月，在越冬卵孵化前，将老茭白田的残株枯叶用水浸3～5天，即可淹杀大部分虫卵，降低虫口密度。③化学防治应以越冬代为重点，掌握在越冬卵大部分孵化时进行施药，以后各代以二至三龄盛期为防治适期，药剂可选用10%吡虫啉可湿性粉剂1 500倍液、70%吡虫啉（艾美乐）水分散粒剂7 500倍液、25%噻嗪酮可湿性粉剂1 000倍液，或10%烯啶虫胺水剂1 000倍液。7～10天1次，连续防治2～3次。由于茭白叶片不易被水润湿，在喷药时加入有机硅表面活性剂或其他湿润展布剂，可提高防效。施药时，应由地块外围向内绕圈喷药，平行式来回喷药会赶走飞虱，降低防治效果。菊酯类农药对鱼、虾等水生动物高毒，严禁在水田上使用。

白 背 飞 虱

［学名］ *Sogatella furcifera* (Horvath)

白背飞虱属同翅目，飞虱科，除为害水稻、茭白外，还为害小麦、玉米、甘蔗、高粱、粟、稗、游草、看麦娘等。

［形态特征］ 雌成虫有长翅型和短翅型两种，雄成虫仅有长翅型。长翅型成虫体长4～5毫米，灰黄色，头顶较狭窄，突出在复眼前方，颜面部有3条凸起纵脊，脊色淡，沟色深，黑

白分明，胸、背小盾板中央长有1个五角形的白色或蓝白色斑，雌虫的两侧为暗褐色或灰褐色，而雄虫则为黑色，并在前端相连。翅半透明，两翅会合线中央有1个黑斑。短翅型雌虫体长约4毫米，灰黄色至淡黄色，翅短，仅及腹部的一半，其余同长翅型。卵尖辣椒形，细瘦，微弯曲，初产时乳白色，后变淡黄色，并出现2个红色眼点。卵产于叶鞘或中脉等处的组织中，卵粒单行排列成块，卵帽不外露。若虫近梭形，头尾较尖。初孵时乳白色，有灰斑，后呈淡褐色，体背有灰褐色或灰青色斑纹。

白背飞虱成虫群集为害

白背飞虱长翅型成虫

白背飞虱短翅型成虫

[为害状] 以成虫和若虫群栖茭株基部刺吸汁液，造成茭白叶尖褪绿变黄，严重时全株枯死。

[生活习性] 南岭和西南稻区1年发生

6～8代，长江中下游及江淮稻区4～5代，北方稻区2～3代。白背飞虱是一种喜温性害虫，在北纬26度以北不能越冬的地区，每年春季初始虫源全部由异地迁入。白背飞虱在我国每年春、夏自南向北迁飞，秋季自北向南回迁。成虫有趋光性、趋绿性和迁飞特性。凡生长茂密、叶色浓绿、较阴湿的田虫量多。成虫、幼虫多生活在基部叶鞘上。卵多产于叶鞘肥厚部分组织中，尤以下部第2叶鞘内较多。白背飞虱发育的最适温度为22～28℃，相对湿度为80%～90%。以分蘖盛期、孕茭、结茭期最为适宜，此时增殖快，为害重。成虫迁入期雨日多，有利于降虫、产卵和若虫孵化。地势低洼、积水、氮肥过多的田块虫口密度最高。高肥

白背飞虱卵

白背飞虱一龄若虫

白背飞虱高龄若虫

田比低肥田白背飞虱虫口密度高2～3倍。栽培密度高、田间郁闭的田块发生重。

［防治方法］①实施连片种植，合理布局，防止飞虱迂回转移为害。②科学肥水管理，做到排灌自如，防止田间长期积水，浅水勤灌，适时烤田，避免偏施氮肥，防止茭白后期贪青徒长。③清除田边、沟边杂草。④采用压前控后或狠治主害代的策略，选用高效、低毒、残效期长的农药，尽量考虑对天敌的保护，掌握在卵孵化高峰期至若虫二至三龄盛期施药。药剂每667米^{2}可用25%噻嗪酮（扑虱灵）可湿性粉剂50～75克、10%吡虫啉可湿性粉剂40～60克、40%毒死蜱乳油100毫升加25%噻嗪酮（扑虱灵）可湿性粉剂50～75克、25%噻虫嗪（阿克泰）水分散粒剂3～4克，加水50～75千克喷雾防治。注意农药交替使用，延缓害虫抗药性产生。

稻　蓟　马

［学名］*Tenchaetothrips biformis* (Bagnall)

稻蓟马属缨翅目，蓟马总科，主要为害水稻、小麦、玉米、粟、高粱、蚕豆、葱、烟草、甘蔗等。

［形态特征］成虫体长1～1.3毫米，黑褐色，头近似方形，触角7节。翅淡褐色、羽毛状，雌虫腹末锥形，雄虫较圆钝。卵肾形，黄白色。若虫共4龄，淡黄色，体形与成虫相似，触角折向头与胸部背面。

稻蓟马成虫

［为害状］成、若虫群集在茭白幼嫩叶片上端吸取汁液，造成微细黄白色斑，后叶尖枯黄卷缩，严重时可使全叶和全株枯死。

［生活习性］1年发生多代，世代重叠，长江流域1年10～15代，浙江发生10～12代，多数以成虫在麦田、

稻蓟马成虫（放大）

稻蓟马若虫（放大）

茭白及禾本科杂草等处越冬。成虫有明显趋嫩绿苗产卵及为害的习性，若虫有群集性。3月上、中旬越冬代成虫进入活动期，开始在越年生或早发的禾本科杂草的嫩叶上产卵，4月上、中旬游草上出现明显的第一代成虫高峰，稻蓟马不耐高温，最适宜生长温度为15～25℃，18℃时产卵最多，超过28℃时，生长和繁殖即受抑制。所以在长江流域6、7月发生多，为害重，尤以7月气温偏低的年份易大发生。秧苗期、分蘖期是蓟马的严重为害期。

［防治方法］①春季彻底清除田边杂草，减少越冬虫口基数，加强田间管理，促苗早发，适时晒田、搁田，提高植株耐虫能力。对已受害的田块，增施1次速效肥，恢复秧苗生长。②用10%吡虫啉可湿性粉剂1 500倍液、25%噻嗪酮可湿性粉剂1 000倍液或5%啶虫脒乳油1 500倍液喷雾防治。

黏　虫

［学名］*Mythimna separate* (Walker)

黏虫别名粟夜盗虫、剃枝虫，俗名五彩虫、麦蚕等。属鳞翅目，夜蛾科。为害麦、稻、粟、玉米等禾谷类粮食作物及棉花、豆类、茭白等16科104种以上的植物。

［形态特征］ 成虫体长15～17毫米，翅展36～40毫米。头部与胸部灰褐色，腹部暗褐色。前翅灰黄褐色、黄色或橙色，颜色变化很多；环纹与肾纹褐黄色，界限不显著，肾纹后端有1个白点，其两侧各有1个黑点；外横线为1列黑点；顶角具1条伸向后缘的黑色斜纹。后翅暗褐色，向基部色渐淡。卵半球形，初产时白色，渐变黄色，有光泽。卵粒单层排列成行成块。老熟幼虫体长38毫米。头红褐色，头盖有网纹，两侧有褐色粗纵纹，略呈"八"字形，外侧有褐色网纹。体色由淡绿至浓黑，变化甚大。体背具各色纵条纹，背中线白色较细，两边为黑细线，亚背线红褐色，上下镶灰白色线条，气门线黄色，上下具白色带纹。蛹长约19毫米，红褐色，腹部五至七节背面前缘各有1列齿状点刻；臀棘上有刺4根，中央2根粗大，两侧的细短刺略弯。

黏虫成虫

黏虫幼虫

黏虫幼虫头部

黏虫蛹

黏虫幼虫为害茭白状

[为害状] 初龄幼虫仅能啃食茭白叶肉，使叶片呈现白色斑点；三龄后可蚕食叶片成缺刻；五至六龄幼虫进入暴食期，大发生时可将茭白叶片全部食光，造成严重损失。

黏虫幼虫为害茭白状

[生活习性] 东北、内蒙古1年发生2～3代，华北中南部3～4代，江苏淮河流域4～5代，长江流域5～6代，华南6～8代。黏虫属迁飞性害虫，具有群聚性、迁飞性、杂食性、暴食性。在湖南、江西、浙江一带，以幼虫和蛹在稻桩、遗留茭白田埂杂草、绿肥田、麦田表土下等处越冬；在广东、福建南部终年繁殖，无越冬现象。北方春季出现的大量成虫是由南方迁飞所至。成虫产卵于叶尖或嫩叶、心叶皱缝间，常使叶片纵卷。初孵幼虫腹足未完全发育，所以行走如尺蠖；成虫昼伏夜出，傍晚开始活动。成虫对糖醋液趋性强，产卵趋向黄枯叶片。初孵幼虫有群集性，一、二龄幼虫多在茭白基部叶背或分蘖叶背光滑处为害，三龄后食量大增，五至六龄进入暴食阶段。三龄后的幼虫有假死性，受惊动迅速卷缩坠地，畏光，傍晚后或阴

天爬到植株上为害。幼虫发生量大且食料缺乏时，常成群迁移到附近地块继续为害，老熟幼虫入土化蛹。该虫生长适宜温度为10～25℃，相对湿度为85%。产卵适温19～22℃，适宜相对湿度为90%左右，气温低于15℃或高于25℃，产卵明显减少，气温高于35℃不能产卵。成虫喜在茂密的田块产卵，生产上长势好、生长茂密的密植田及多肥、灌溉好的田块，利于该虫大发生。

［防治方法］①利用黑光灯或频振式杀虫灯诱杀成虫。将杀虫灯吊挂在牢固的物体上，然后放置在田中（或田埂上），每公顷1盏灯，灯间距离100～120米，离地面高度1.5～1.8米，略高于作物，呈棋盘式分布，开灯时间为5月初至8～9月。灯下须挂接虫袋，而且要光滑或在接虫袋中加入毒棉花，以防止伤虫爬出。接通电源后不能触摸高压电网，雷雨天不要开灯，要及时清理高压电网上的虫源和污垢。②根据预测预报，掌握在幼虫三龄前及时喷药防治。药剂可用90%晶体敌百虫1 000倍液、50%辛硫磷乳油800～1 000倍液、10%氟虫双酰胺·阿维菌悬浮剂1 500倍液、40%氯虫苯甲酰胺·噻虫嗪水分散粒剂或20%氯虫苯甲酰胺水分散粒剂3 000～5 000倍液。

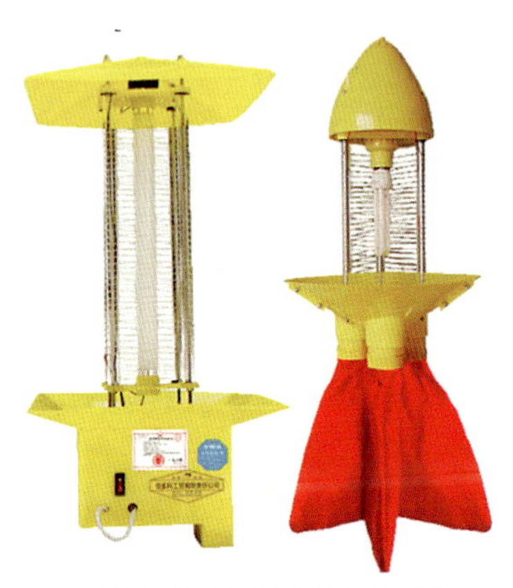

频振式杀虫灯诱杀黏虫成虫

斜 纹 夜 蛾

［学名］*Prodenia litura* Fabricius

斜纹夜蛾又名莲纹夜盗蛾、属鳞翅目，夜蛾科，是一种间歇性发生的暴食性害虫。食性杂，已知可为害的寄主植物达290余种，其嗜好的寄主植物多达90多种，主要为害藕、芋、豆类等。

［形态特征］成虫体长14～20毫米，翅展35～40毫米，头、胸、腹均深褐色。前翅灰褐色，斑纹复杂，内横线及外横线灰白色，呈波浪形，中间有白色条纹，在环状纹与肾状纹间，自前缘向后缘外方处有3条白色斜线，因此得名斜纹夜蛾。后翅白色，无斑纹。前、后翅常有水红色至紫红色闪光。卵呈半球形，卵粒成块状，每块卵有3～4层，外覆灰黄色疏松的绒毛。老熟幼虫体长35～47毫米，头部黑褐色，胴部体色因寄主和虫口密度不同而呈土黄色、青黄色、灰褐色或暗绿色，背线、亚背线及气门下线均为灰黄色或橙色。从中胸至第九腹节在亚背线内侧具三角形斑1对，其中以第一、七、八腹节最大。蛹长约15～20毫米，赭红色，腹部背面第四至七节及五至七节腹面近前缘密布圆形刻点，腹部末端有1对弯曲的粗刺，刺基分开。气门黑褐色，椭圆形隆起。

［为害状］卵产在叶背，幼虫食叶、花蕾、花及果实，初孵幼虫集中在叶背为害，残留透明的上表皮，使叶形成纱窗状。三龄后分散为害，开始逐渐四处爬散或吐丝下坠分散转移为害，取食叶片或较嫩部位造成许多小孔或缺刻。四龄以后随虫龄增加食量骤增，虫口密度高时，叶片被吃光，只剩主脉，呈扫帚状，致使

斜纹夜蛾成虫

斜纹夜蛾卵块

斜纹夜蛾低龄幼虫群集为害

斜纹夜蛾幼虫

斜纹夜蛾蛹

落花、落蕾，花朵不能开放，并由于幼虫排泄粪便，造成污染和腐烂，而失去观赏价值。

［生活习性］斜纹夜蛾喜温、喜湿，为暴发性害虫。在我国华北地区1年发生4～5代，在长江流域1年发生5～6代，福建6～9代。以老熟幼虫在土中化蛹越冬，世代重叠。成虫白天不活动，躲藏于植株茂密处的叶丛中、土缝下及其他隐蔽场所，黄昏后取食飞翔。对黑光灯有趋性，还对糖、醋、酒及发酵的胡萝卜、麦芽、豆饼、牛粪等有趋性。卵多产于高大、茂密、浓绿的边际作物上，以植株中部叶片背面叶脉分叉处最多，顶部或基部着卵量相对较少。初孵幼虫聚集在卵块附近

斜纹夜蛾严重为害莲藕

斜纹夜蛾低龄幼虫及为害状

取食，不怕光。三龄后分散取食，四龄后进入暴食期，并出现背光性，阴雨天也有少数爬上植株取食，一般以晚上9～12时为害最重。幼虫有假死性及自相残杀现象，遇惊扰后四处爬散或吐丝下坠或假死落地。日间潜伏于残叶或土粒间或接近土面的叶下，日落前再爬出为害。幼虫在6～8月啃食荷叶，干旱少雨年份，常在7～9月暴发。幼虫老熟后，入土造1个卵圆形蛹室，在其中化蛹。一般在土下3～7厘米处化蛹，如土壤板结，则在枯枝落叶下化蛹。浙江第一至五代发生期分别为6月中、下旬至7月中、下旬，7月中、下旬至8月上、中旬，8月上、中旬至9月上、中旬，9月上、中旬至10月中、下旬。

［防治方法］ ①清除杂草。②利用成虫有趋光性和趋糖醋性的特点，可用频振式杀虫灯和糖醋盆等工具诱杀成虫，详见黏虫。③利用斜纹夜蛾性诱剂诱杀。每公顷安放斜纹夜蛾诱捕器15～30个，并且需要连片使用，一般面积要求在3公顷以上，效果较好。诱捕器悬挂高度距地面1～1.5米或作物表面20厘米左右，把诱芯以S形嵌入诱芯架的凹槽内，加盖，并套接袋或塑料瓶。每个诱捕器1枚诱芯，每4～6周需要更换诱芯。应在害虫较低密度时开始诱杀，诱捕虫数超过一定量时要及时更换接收袋或塑料瓶。诱捕器设置时，一般是外围放置密度高，内圈、尤其是中心位置可以减少诱捕器的放置数量。诱捕器应设置在比较空旷的田野里，这样可以提高诱捕效率，扩大防治面积。要适时清

斜纹夜蛾性诱剂诱杀成虫

理诱捕器中的死虫，收集到的死虫不要随便倒在田间。性信息素产品易挥发，因此，需要存放在较低温度的冰箱中，保存处应远离高温环境，诱芯应避免暴晒。使用前打开密封包装袋，一旦打开包装袋，最好尽快使用所有诱芯。④应用生物农药和高效、低毒、低残留农药，在卵孵化高峰期至低龄幼虫盛发期，突击用药。初孵幼虫聚集在卵块附近活动，三龄后分散，因此最好在三龄前施药，以傍晚喷药为佳。低龄幼虫药剂首选为5%氯虫苯甲酰胺（普尊）悬浮剂1 000倍液细喷雾，对斜纹夜蛾有良好防效，而且对鱼、虾、蟹毒性低，对人、畜的毒性极低，可以优先使用。也可选用苜蓿夜蛾核多角体病毒(奥绿一号)600～800倍液、苏云金杆菌（生绿Bt）粉剂500倍液、5%定虫隆（抑太保）乳油2 000～2 500倍液、24%甲氧虫酰肼（美满）乳油2 500～3 000倍液、5%氟虫脲（卡死克）乳油2 000～2 500倍液。高龄幼虫可用15%茚虫威（安打）悬浮剂3 500～4 500倍液、5%虱螨脲（美除）乳油1 000倍液、24%甲氧虫酰肼（美满）乳油2 500～3 000倍液。

频振式杀虫灯诱杀成虫

莲藕食根叶甲

[学名] *Donacia provosti* Fairmaire

莲藕食根叶甲又名莲藕食根金花虫、稻长腿食根叶甲、稻根叶甲、稻食根虫、长腿水叶甲、食根蛆、车兜虫、饭米虫、饭豆虫、下涝虫，俗称地蛆，属鞘翅目，叶甲科。主要为害稻

莲藕食根叶甲成虫

莲藕食根叶甲幼虫

莲藕食根叶甲幼虫

根、茭白、慈姑、莲藕等。

[为害状] 以幼虫潜入泥中，在地下茎的节位附近吮吸汁液；进入结藕期后，即在莲藕节间附近为害，造成地上部立叶细小、发黄，生长势衰退；为害新藕后，在藕上形成黑色虫斑（俗称蛆眼），使藕变细小，降低产量和品质。

[形态特征] 成虫体长6～9毫米，体绿褐色，有金属光泽，腹部密生银白色绒毛；头部铜绿到紫黑色；触角各分节基部棕红或淡棕色，端部黑褐色；前胸背板近四方形，鞘翅底色棕黄，有刻点排成的纵沟，翅端平切；后足细长，腿节基部细狭，中后部膨大，端部有1个大齿。卵长椭圆形，稍扁平，排成卵块状，淡黄色，卵块覆盖着白色透明胶状物。幼

虫体长9～11毫米，白色蛆状，头小腹部肥大，稍弯曲，具3对胸足，无腹足，尾端具尾钩1对，褐色。蛹长约8毫米，白色，外包红褐色如小豆的胶质薄茧。

莲藕食根叶甲蛹

[生活习性] 大多地区1年发生1代，北方部分地区1年多或2年1代，以幼虫在藕根、节间或有水的土下16～30厘米处越冬。在浙江1年发生1代，以幼虫在莲藕根须和藕节间越冬，翌年4月下旬至5月上旬越冬幼虫开始活动为害，5～6月为害莲藕，6月以后各种虫态先后出现，7月成虫渐多。成虫行动活泼，有假死性，卵主要产在藕塘中眼子菜的叶背，其次是荷叶、鸭舌草等叶面上，孵化后下爬至土中为害嫩根及藕节，严重的1条地下茎有虫数十条，幼虫期10个多月，成熟后

莲藕食根叶甲茧

莲藕食根叶甲幼虫及莲藕被害状

形成薄茧化蛹。

［防治方法］①实行水旱轮作，莲藕食根金花虫发生严重的田块，改种一、两年旱作植物；进行土壤改良，早春每667米^{2}施石灰50千克，以中和土壤中的酸性。②清除田间杂草，特别是眼子菜、鸭舌草等寄主，以减少成虫取食和产卵的场所。③成虫盛发期用眼子菜等诱集成虫，产卵后集中烧毁或深埋。④冬季排除藕田、慈姑田积水，可使越冬虫口减少。⑤发展养鸭，保护青蛙。鸭子、青蛙喜食莲藕食根金花虫的幼虫，移栽前，结合耕耖，放鸭到藕田啄食。⑥早春莲藕发芽前，幼虫出蛰始盛期到高峰期，排除田间积水，每667米^{2}用5%辛硫磷颗粒剂1～1.5千克或20%氯虫苯甲酰胺悬浮剂30毫升拌细土20千克混匀撒施；或在种栽莲藕时，每667米^{2}施15～20千克石灰粉，均匀撒在田间并耙耕。⑦在为害初期进行根区土层施药，每667米^{2}施菜籽饼粉15～20千克，也可用3%辛硫磷颗粒剂3千克拌30千克细土于午后或傍晚均匀撒在放净水的田中，翌日回放水深为3.3厘米润田，3天后恢复正常水浆管理。⑧药剂防治。在成虫盛发期，每667米^{2}可施80%敌百虫可溶性粉剂100～150克，对水适量稀释后拌细土15～20千克制成毒土撒施，效果较好。

中华稻蝗

［学名］*Oxya chinensis* (Thunberg)

中华稻蝗又称稻蝗、中华蝗，属直翅目，蝗科。为害水稻、茭白、玉米等禾本科、豆科、茄科、十字花科植物及莲藕。

中华稻蝗成虫

中华稻蝗蝗蝻

［形态特征］ 成虫体长15～40毫米，雌大雄小，绿色、黄绿色或黄褐色，复眼灰色，触角褐色，丝状，头部两侧复眼后方各有深褐色纵纹1条，直达前胸背板后缘。雄虫尾须近圆锥形，雌虫下生殖板表面向外突出。卵长约4毫米，长圆筒形，中部稍弯，两端钝圆，深黄色，卵块外包有坚韧胶质的卵囊；若虫称蝗蝻，形似成虫，三龄后才见翅芽，一般6龄。

中华稻蝗蝗蝻与蚜虫

［为害状］ 成虫、若虫取食茭白、莲藕等叶片，轻者吃成缺刻，

中华稻蝗为害莲藕叶片状

中华稻蝗为害茭白叶片状

中华稻蝗严重为害莲藕状

严重时仅剩主脉或全叶吃光。

[生活习性] 北方1年发生1代，南方1年发生2代。各地均以卵块在田埂、荒滩、堤坝等土中或杂草根际、稻茬株间越冬，翌年4～8月由南向北逐渐孵化。在江苏，越冬卵于5月中、下旬陆续孵化，6月初至8月中旬田间各龄若虫重叠发生。7月中旬至8月

中旬羽化为成虫，9月中、下旬为成虫产卵盛期，9月下旬至11月初成虫陆续死亡。道路、田埂、沟边、田头地角、荒地等杂草丛生，有利于蝗虫栖息和繁殖。茭白、莲藕、稻混栽区发生重。成虫多在早晨羽化，在性成熟前活动频繁，飞翔力强，以上午8～10时和下午16～19时活动最盛。对白光和紫光有明显趋性。产卵环境以湿度适中、土质松软的田埂两侧最为适宜。成虫嗜食禾本科和莎草科植物。低龄若虫在孵化后有群集生活习性，就近取食田埂、沟渠、田间道边的禾本科杂草，三龄以后开始分散，迁入茭白、莲藕田边苗，四、五龄若虫可扩散到全田为害。

［防治方法］①秋、冬季修整渠沟，铲除草皮，春季平整田埂、除草，可大量减少越冬虫源。②在稻蝗一、二龄期，重点对田间地头、沟渠及周围荒地杂草及时进行防治，以压低虫口密度，减小稻蝗迁移本田基数。③生物防治。抓住三龄前防治适期，用蝗虫微孢子虫以250亿个孢子/公顷的浓度进行防治。④药剂防治。主要抓好蝗蝻未扩散前集中在田埂、地头、沟渠边等杂草上以及蝗蝻扩散前期大田田边5米范围内茭白、莲藕及稻苗上的及时用药。当蝗虫大多处于三至四龄期时，及时用药防治。药剂可用15%三唑磷微乳剂750～1 000倍液、5%氟虫脲（卡死克）乳油或50%的辛硫磷乳油1 000倍液进行防治。也可在低龄若虫期喷施10 000倍20%灭幼脲1号悬浮乳剂，或0.3%印楝素乳油15倍液超低量喷雾。在施药时除了荒田、荒地、荒滩和田边、稻田田埂等杂草较多的地方外，还应将稻田四周的5～6行稻列为防治对象。

莲缢管蚜

［学名］*Rhopalosiphum nymphaeae* (Linnaeus)

莲缢管蚜属同翅目，蚜科，除为害莲藕外，还为害慈姑、菱角、水芋等水生蔬菜。

［形态特征］有翅胎生雌蚜体长2.3毫米，体背全骨化，长卵形；触角、头、胸黑色，腹部褐绿色至深褐色；腹管长筒形，长

于触角第三节，尾片锥形。无翅胎生雌蚜体长2.5毫米，卵圆形，褐色至褐绿色或深褐色，体被薄蜡粉，胸、腹背面具小圆圈连成的网纹，腹管长筒形，中部、顶部缢缩，端部膨大；腹管长于触角

莲缢管蚜无翅蚜及若蚜（放大）

莲缢管蚜胎生蚜（放大）

莲缢管蚜聚集为害叶片

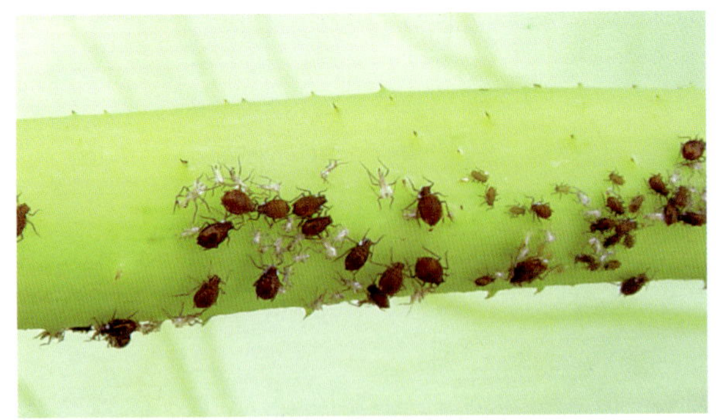
莲缢管蚜聚集为害叶柄

第三节，尾片具4 ~ 5根长曲毛。卵长卵圆形，黑色。若蚜大多数4龄，体形与无翅胎生雌蚜相似，但体小。

[为害状] 以成虫、若虫群集在莲藕的叶芽、花蕾、浮叶、立叶、叶梗、花薹、花瓣等部位吸汁为害，造成叶片皱缩、卷曲，致叶片发黄，植株生长不良，降低产量、品质。

[生活习性] 江苏1年发生27 ~ 29代，浙江大多数以成、若蚜在李、梅等蔷薇科李属果树树皮下越冬，北纬30度以南冬季温暖地区以无翅胎生雌蚜和若蚜在绿萍、水葫芦等水生植物上越冬，营孤雌生殖。以成、若蚜在李属果树上越冬的，待桃、梅开花时开始繁殖，5月中、下旬产生有翅蚜迁往水生蔬菜继续繁殖为害。在绿萍上越冬的，气温14℃时开始繁殖，出现有翅蚜后迁到水生蔬菜上。在绿萍、莲藕、慈姑混生田，早春蚜虫发生早、数量多，春、夏慈姑混栽的为害重，单独栽植慈姑田或纯夏慈姑区发生迟，为害轻。该虫具有趋嫩性，偏嗜嫩茎和嫩叶，大多集中在心叶和倒二叶叶片及叶柄上。从5月上旬到10月都可在莲藕、慈姑植株上为害，以6月为害最严重。

[防治方法] ①合理布局，尽量减少插花栽植，特别注意避免慈姑田和莲藕田混栽。②及时清除田间浮萍、绿萍和眼子菜等水生植物。③合理密植，减轻田间郁闭度，降低湿度。④药剂防治。可用10%吡虫啉可湿性粉剂1 500倍液、10%烯啶虫胺水剂1 000倍液或5%啶虫脒3 000倍液等。由于莲藕表面多具蜡质层，药液不易附着，兑药液时宜加入适量展着剂或渗透剂，以提高防治效果。

莲藕潜叶摇蚊

[学名] *Steno-chironomus nelumbus* Tokunaga et kuroda

[形态特征] 成虫体长3 ~ 4.5毫米，淡绿色。具有淡茶色前翅1对，翅上有黑斑；后翅退化为平衡棍。老熟幼虫体长近10毫米，黄色或淡黄绿色，腹部圆筒形，足退化，腹末有2对指状较长的肛门鳃。

莲藕潜叶摇蚊幼虫潜食叶肉，致使浮叶叶面布满紫黑色或酱紫色蛀道

莲藕潜叶摇蚊为害严重时虫道纵横交错，其内充满水，终致浮叶腐烂

[为害状] 主要为害莲藕的浮叶，不为害离开水面的立叶，以幼虫潜食叶肉，致使浮叶叶面布满紫黑色或酱紫色蛀道，严重时众多幼虫纵横交错蛀食，浮叶大部分被蛀变色，几乎没有绿色面积，虫道内充满水，终致浮叶腐烂、枯萎。

[生活习性] 在浙江1年中成虫有2个高峰(4 ~ 5月和9 ~ 10月)，幼虫在4 ~ 11月底均可为害，世代重叠，以幼虫随枯叶沉入

水底越冬。成虫具有趋光性，夜出活动交尾，产卵于莲藕浮叶边缘的水中。初孵幼虫从叶底蛀入潜食，1张叶片上可能有幼虫数十头至百头以上，每1头幼虫有1个单独虫道，幼虫蠕动把粪便堆在虫道两侧。幼虫需在水中进行气体交换，当浮叶高出水面时，幼虫迅速转移至水中生活或化蛹，蛹期3～7天，后浮到水面羽化为成虫。

［防治方法］①摘除有虫道的浮叶集中烧毁或深埋。②严防从有该虫发生的地区引进种茎。③浮叶抽出后加强检查，发现浮叶有少量虫道时，可喷施50%环丙氨嗪（蝇蛆净）可湿性粉剂2 000倍液、35%灭多威·辛硫磷乳油1 500倍液、90%敌百虫晶体1 000～1 500倍液，或25%喹硫磷乳油1 500倍液等。

菱角萤叶甲

［学名］*Galerucella birmanica* Jacoby

菱角萤叶甲又称菱金花虫，属鞘翅目，叶甲科，是菱角的毁灭性害虫。其食性比较单一，仅食害菱及莼菜。

［形态特征］成虫体长约5毫米，初羽化时为黄色，后渐变成灰褐色，中胸小盾片黑色，似黄豆大小。前胸背板两侧黑色，中央有“工”字形光滑区，小盾片黑色，鞘翅折缘，黄色。雄虫体略小，后缘略平截，呈圆弧形。卵近椭园形，初黄色，后变橙色，卵端有1个圆形红斑，有卵纹。幼虫共3龄，体12节，初孵幼虫黄色，后变褐色。蛹初鲜黄色后变暗黄色。

菱角萤叶甲成虫

［为害状］以幼虫和成虫啃食叶肉，三龄幼虫进入暴食期，菱盘被害后，轻的形成大量孔洞，造成菱盘千

菱角萤叶甲成虫及为害状

菱角萤叶甲卵

菱角萤叶甲幼虫

疮百孔，影响光合作用；严重时叶片整片吃光，仅剩叶脉，使菱塘一片枯黄，影响养分的制造，致使不能结果，或者果实变小，严重影响产量和质量。

[生活习性] 在长江流域1年发生6～8代，世代重叠。以成虫在茭白、芦苇和水花生及游草等杂草丛残株或塘边大缝等处越冬。翌年3月中旬天气转暖后，越冬成虫开始活动。初夏当菱角和莼菜叶出水面后迁入取食叶肉。在菱盘叶上产卵，随后孵化成幼虫啃食叶肉，繁殖极快，夏、秋之交常易大发生。该虫不耐高温，抗寒力弱，发育适温为20～32℃。全年以6月中旬至7月中旬菱角开花结果期，二至三代时虫口数量多，为害最重。幼虫抗水力较弱，一、二龄幼

菱角萤叶甲幼虫及刚化的蛹

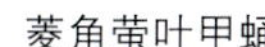

菱角萤叶甲蛹

菱角萤叶甲为害状

虫对雨水尤为敏感，7月下旬以后常受高温、雨水等因素的影响，种群数量下降。10月下旬成虫陆续迁入越冬场所越冬。

［防治方法］①采菱后及时处理老菱盘，冬前铲除田边、菱塘边杂草，并集中烧毁，可消灭大量越冬代幼虫、蛹及成虫，减少翌年虫源。②针对幼虫、蛹、卵抗水性差的特点，于菱盘封行或开花前，将幼虫、蛹、卵用扫帚扫落水中淹死。③菱叶受害初期及时喷药，可选90%晶体敌百虫1 000倍液或5%氯虫苯甲酰胺（普尊）水分散粒剂1 000倍液，敌百虫、氯虫苯甲酰胺对菱角萤叶甲防效较好，而且对菱塘中的鱼相对安全。也可用30%氯胺磷乳油500倍液，或20%三唑磷乳油700倍液。没有养鱼的可选用2.5%溴氰菊酯(敌杀死)2 000 ～ 2 500倍液、48%毒·辛乳油2 000倍液，或3.2%金甲维盐乳油5 000倍液喷菱盘叶面。每隔7天1次，连续2～3次。菊酯类农药对鱼毒性大，不要在养鱼的菱塘使用。施药时细喷雾，尽量将药喷在菱叶上，减少落入池水中的药量，有利于减轻对鱼的不利影响。

荸荠白禾螟

［学名］*Scirpophaga praelata* Scopoli

荸荠白禾螟为鳞翅目，螟蛾科，又名荸荠钻心虫、纯白螟、白螟，主要为害荸荠、席草等。

荸荠白禾螟成虫

［形态特征］雄成虫翅展23～26毫米，雌成虫40～42毫米，全体白色，前翅长而顶角尖。腹部带黄色，雌蛾腹部末节末端有橙黄色绒毛。下唇须约为头部的2倍。成长幼虫体长15毫米，体乳黄白色，前胸背板淡橙黄色，其两侧各有1个棕褐色斑块。

虫体肥大而柔软，多横皱，胸足短小，腹足退化。卵集合成卵块，上披橙黄色绒毛。卵扁平，短椭圆形，初产时呈淡黄色，以后变为橙黄色。蛹体色乳黄至乳白色，腹末宽而带圆形。

[为害状] 以幼虫蛀食荸荠茎秆为害，常蛀空荸荠

荸荠白禾螟即将孵化的卵块

荸荠白禾螟卵块（前期）

荸荠白禾螟雌、雄成虫（上雌下雄）

荸荠白禾螟为害叶状茎

荸荠白禾螟田间为害状

荸荠白禾螟为害造成枯心

叶状茎内横膈膜，轻则造成茎顶端褪绿变色，由上而下渐变红转黄，重则致茎秆变褐腐烂，终致全株枯死。凡被为害蛀食的叶状茎，不久发红枯死，严重发生时成片枯死，不结或少结球茎，造成严重减产，它对荸荠的为害仅次于茎枯病。在分蘖分株期受害，主茎分蘖减少，苗数不足；在结球期受害，茎秆枯死，影响球茎膨大，使品质下降，产量锐减。

［生活习性］在长江中下游地区1年常发生不完整的4代，浙江4代。以老熟幼虫在荸荠茎秆内结薄茧越冬。成虫飞翔能力不强，在田间扩散能力较弱。成虫有趋嫩绿产卵习性，趋光性弱，初孵幼虫有群集性，幼虫能吐丝下垂，二、三龄幼虫可转株为害。越冬幼虫于4月上旬气温升高后爬出薄茧活动，到田埂边看麦娘、菵草等禾本科杂草上取食。5月上、中旬田间自生荸荠苗出土后，幼虫又转移到自生荸荠上取食继续发育。5月中、下旬在自生荸荠内化蛹。浙江越冬代和第一至三代成虫发生时间分别为6月上旬到7月中旬、7月中旬到8月上旬、8月中旬到9月中旬、9月中旬到次年6月上、中旬。其中第三代发生量最大，为害最重，也是防治的重点。早栽田、生长嫩绿田受害较重。

［防治方法］①荸荠采收后至翌年越冬幼虫活动前，清理田间残株枯茎，3月上旬前，及时清理并集中烧毁田间遗留的荸荠茎秆，消灭越冬虫源。②5月上旬前铲除荸荠田遗留的球茎抽生苗，减少一代虫源。③适期栽种，在7月中、下旬移栽有利于避开二代的为害，减轻三代发生基数，可减少损失。④化学防治。一般二、三代发生期各用药防治2次，在第一代孵化高峰后1～2天进行，隔7～8天再施1次，并以生长嫩绿田、早栽田为防除重点田。药剂可选用20%氯虫苯甲酰胺、40%氯虫苯甲酰胺·噻虫嗪3 000～5 000倍液或10%阿维·氟虫双酰胺（稻腾）1 500倍液。施药时应保持水层，以提高防效。

福　寿　螺

［学名］*Pomacea canaliculata* Spix

福寿螺属软体动物门，腹足纲，腹足目，瓶螺科，又名苹果螺、大瓶螺、金宝螺、雪螺、黄金螺、龙凤螺、玉宫螺、丰纹螺、锦螺等，属于杂食性螺，主要为害水稻、茭白、菱角、空心菜、芡实等水生作物及水域附近的甘薯等旱生作物。

[形态特征] 贝壳较薄，卵圆形；淡绿橄榄色至黄褐色，光滑。壳顶尖，具5～6个增长迅速的螺层。螺旋部短圆锥形，体螺层占壳高的5/6。缝合线深。壳口阔且连续，高度占壳高的2/3；胼胝部薄，蓝灰色。脐孔大而深。头部具有长、短各1对角，眼点在其短触角上。卵圆形，初产卵粉红色至鲜红色，卵的表面有1层不明显的白色粉状物。卵块椭圆形，大小不一，卵粒排列整齐，卵层不易脱落，鲜红色，小卵块仅数十粒，大的可达千粒以上。幼螺体形似成螺，一般呈淡褐色，腹足乳黄色，壳薄，透明，软体部分呈深红色，数天后红色渐褪，外壳逐渐变硬。

福寿螺

福寿螺卵块

[为害状] 幼螺孵化后开始喜食茭白植株，尤其喜欢取食幼嫩部分包括茭白的小分蘖，造成茭白有效分蘖减少，最终导致茭白产量的降低。另外，茭白孕茭后福寿螺对茭白的为害转向茭白肉，用粗糙的舌头刮取茭白的肉质，影响茭白的品质，特别是对单季茭、3月种植的双季茭为害时间长，为害严重。成螺和幼螺喜食菱角嫩芽、叶片和根，轻则致植株茎叶破碎、株形瘦缩、叶片变色、生长受阻；重则全株被吃光或逐渐腐烂死亡。

[生活习性] 1年发生2～3代，主要以幼螺、成螺在水田、山塘、池塘、沟渠中越冬，一般存活4～5年，世代重叠。最适水温为24～32℃，15℃以上即可取食。多栖于土壤肥沃，有水生植物的缓流河及阴湿的沟渠、水田等处。水干涸时钻入淤泥中，或长时间紧闭壳盖，静止不动。越冬后的成螺于4月开始活动，5月开始产卵，6月气温回升后产卵明显增多。产卵时爬到离水面15厘米以上的池边干燥处，如茭白和水稻茎秆、沟壁、墙壁、田埂、杂草等上的附着物以及水生植物的茎叶上产下卵块，并黏附其上，但主要产在离水面10～40厘米的茭白植株中、基部，产卵活动常在晚上进行。初产卵块呈明亮的粉红色，在快要孵化时变成浅粉红色。一般卵期10～14天左右，初孵化刚破膜的仔螺就能爬行运动，跌落入水后群集在池边浅水处，或爬到离水面2～3厘米处的潮湿地、水生植物上，吞食浮游生物等，以逐渐适应水中生活。幼螺发育3～4个月后性成熟。5～6月和8～9月是产卵和孵化高峰期。福寿螺繁殖力极强，喜阴，怕强光，白天活动较小，傍晚、凌晨和阴天活跃，进行觅食。

[防治方法] ①加强应施植物、植物产品调运的检疫，防止福寿螺向未发生的地区扩散。②在螺害发生期或作物非生长期，通过翻耕土地，用人工机械方法杀死成螺；采用人工捕捞方法，将捕捞到的福寿螺进行填埋处理；有条件的实行水、旱轮作。③及时清除茭白及稻边的各种杂草，在春、秋季产卵高峰期，将分布在田边由福寿螺产下的粉红色卵块进行手工摘除，可有效控制害螺的种群密度。④在水田中也可以通过放水漫灌，使卵块在孵化期内淹没在水面下，以降低初孵幼螺的成活率；要注

意防止田水串灌，并在水渠等水网交界处设置拦截网，并加高田埂以防止福寿螺灾情的蔓延。⑤茭白田套养中华鳖，不但防治效果好，又能增加收入；或在幼螺孵化高峰期及秋后放入鸭群，也可大量消灭幼螺和成螺。⑥重点抓好越冬成螺和第一代成螺产卵盛期前的防治，压低第二代的发生量，并及时抓好第二代的防治。当稻田每平方米平均有螺2～3头以上时，应马上防治。于雨后或傍晚每667米^{2}施用6%四聚乙醛（密达、灭蜗灵）杀螺颗粒剂500～600克、70%百螺杀可湿性粉剂30～35克或茶粕(或桐籽麸)粉10～15千克，拌细沙或细土7.5～10千克撒施，施药后保持3～5厘米水层5～7天。施药时气温以25℃左右为好，低于20℃或高于35℃都影响福寿螺取食而降低防效。防治适期，以产卵前为宜。

锥　实　螺

[学名] *Radix auricularia* (Linnacus)

锥实螺又叫耳萝卜螺，为害莲藕、菱、莼菜、芡实、红萍等水生作物。

[为害状] 为害幼嫩叶片和芽，严重时可吃光叶片和嫩芽、嫩茎，造成减产，甚至无收。

[形态特征] 耳萝卜螺的壳大，高达22毫米。有4个螺层，螺旋部短而尖，体螺层膨大，形成贝壳的绝大部分；壳薄或略呈透明状，壳口大，并向外扩张呈耳状。壳黄褐或赤褐色，外缘薄，易碎。卵粒椭圆形、透明，由透明胶状物黏集成长条状卵袋。

锥实螺成螺

水中的锥实螺成螺

锥实螺卵块

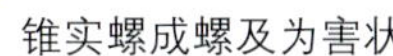

锥实螺成螺及为害状

锥实螺为害状

[生活习性] 一生有受精卵、幼虫、幼螺、成螺4个阶段。4～11月均能产卵，产于水生植物叶背或基部，高峰期为6月和9月。昼夜均可为害，但以夜间为多。

[防治方法] ①放鸭啄食。②抛施茶籽饼或菜籽饼杀灭。抛施前先将茶籽饼研成粉末，再加水拌湿，捏成小团，从行间抛入水中。每667米^{2}施用量以5～10千克为宜。施后1～2天即可见螺体发白、死亡，漂浮于水面。杀灭见效后即调换田水。③每667米^{2}可用贝螺杀0.5～1.0千克，拌细土撒入栽植池中进行杀灭，或每公顷水面用45%三苯醋锡（TPTA）可湿性粉剂1 500克、80%聚乙醛可湿性粉剂4 500～6 000克对水至2 000倍液喷雾。应在中午水温高时用药。鱼塘内不可使用。

主要参考文献

曹碚生，江解增，李良俊. 2001. 水生蔬菜栽培与病虫害防治技术[M]. 北京：中国农业出版社.

韩敏晖，王国迪，姚士桐. 2005. 水生与多年生蔬菜病虫原色图谱[M]. 杭州：浙江科学技术出版社.

夏声广. 2005. 蔬菜病虫害防治原色生态图谱[M]. 北京：中国农业出版社.

张宝棣. 2001. 蔬菜病虫害发生及防治问答[M]. 广州：华南理工大学出版社.

中国农业知识网 http://www.cnak.net

中国莲藕网 http://cnlianou.com

中国农业病虫检测网 http://www.bcjcchina.com

图书在版编目（CIP）数据

图说水生蔬菜病虫害防治关键技术 / 夏声广主编
—北京：中国农业出版社，2011.12
ISBN 978-7-109-16224-2

Ⅰ.①图… Ⅱ.①夏… Ⅲ.①水生蔬菜-病虫害防治-图解 Ⅳ.①S436.45-64

中国版本图书馆CIP数据核字（2011）第220930号

中国农业出版社出版
（北京市朝阳区农展馆北路2号）
（邮政编码 100125）
责任编辑 阎莎莎 张洪光

北京中科印刷有限公司印刷 新华书店北京发行所发行
2012年1月第1版 2012年1月北京第1次印刷

开本：880mm×1 230mm 1/32 印张：3
字数：83千字 印数：1～6 000册
定价：15.00元